四川美术学院学术出版基金资助

野乡乡韵

乡村振兴环境设计研究与探索

黄洪波
吴小萱
龙馨雨
等 著

中国建筑工业出版社

随着全球化和城市化的不断推进，乡村地区作为国家文化和生态多样性的重要承载者，其振兴与发展已经引起了社会各界的广泛关注。本书应运而生，旨在深入探讨和分析环境设计在乡村振兴中的关键作用。

本书以"乡野乡韵"为核心语境，致力于探索乡村振兴与环境设计之间的深层联系，并分析环境设计如何促进乡村经济和文化的全面复兴。通过综合人居环境学、社会学、生态学、文化遗产保护、可持续发展原则以及创新性方法的研究，本书揭示了环境设计在乡村振兴中的关键作用和独特价值。

在本书中，我们精选了一系列具有示范意义的案例研究。这些案例不仅展示了乡村振兴环境设计的多样性，也体现了设计者对乡村精神和居民需求的深刻理解。通过对这些案例的细致分析，本书进一步揭示了环境设计在乡村振兴中的创新途径和实践策略。

乡村振兴环境设计的意义，不仅在于对物理空间的改造，更在于对乡村文化、社会结构和居民生活方式的重塑。因此，跨学科的合作在乡村振兴中显得尤为重要。本书特别强调城乡规划师、建筑师、文化学者、社会学家以及当地社区居民之间的协作，以确保设计项目能够真正满足居民的需求，推动乡村的和谐发展。

创新技术的运用为乡村振兴环境设计带来了新的可能性。本书鼓励设计者积极探索和应用这些技术，以提升设计质量，增强乡村的可持续发展能力。同时，社区参与被视为乡村振兴成功的关键。本书提出以社区为中心的设计策略，确保设计项目能够真实反映居民的意愿和需求。

在总结与展望的章节中，我们不仅总结了本书的研究成果，还对未来乡村振兴环境设计面临的挑战和发展趋势进行了深入探讨。我们期望本书能够激发更多关于乡村振兴环境设计的思考和讨论，为推动乡村振兴环境设计理论和实践的综合发展作出贡献。

作为城市更新和设计领域的从业者，我深切地感受到乡村振兴环境设计的重要性和复杂性。本书的出版，是对乡村振兴环境设计领域的重要贡献，也是对所有致力于乡村振兴事业同仁们的鼓舞。我相信，通过我们的共同努力，我们的乡村将变得更加宜居、包容和可持续。

目录

第7章

原则
乡村环境的可持续发展

第8章

方法
乡村环境设计的创新性与在地性

第9章

总结与展望

后记

第 1 章

引言

乡村振兴与环境设计的
背景和意义

1.1 乡村振兴战略导向背景

乡村振兴战略是国家战略的重要组成部分，其背景和导向具有深远的历史意义和现实需求。党的十九大报告中乡村振兴战略首次被提出，并在党的二十大报告中作进一步强调，旨在全面推进乡村振兴，实现农业农村现代化，促进城乡融合发展，实现全体人民共同富裕。这一战略的提出为乡村振兴与环境设计的结合提供了政策保障和支持。

（1）**生态宜居**：乡村振兴战略强调生态宜居的重要性，旨在通过改善农村人居环境，推动乡村自然资本加快增值，实现百姓富、生态美的统一。其中，包括加强农业面源污染防治，推进农村水环境治理和农村饮用水水源保护，实施农村生态清洁小流域建设等措施。

（2）**绿色发展**：战略倡导绿色兴农，推动农业向投入品减量化、生产清洁化、废弃物资源化、产业模式生态化的方向发展。其中，涉及推进有机肥替代化肥、畜禽粪污处理、农作物秸秆综合利用等行动。

（3）**系统治理**：乡村振兴战略提出统筹山、水、林、田、湖、草、沙系统治理，把山、水、林、田、湖、草、沙作为一个生命共同体，进行统一保护和修复，实施重要生态系统保护和修复工程。

（4）**文化传承**：在环境设计中，乡村振兴战略注重保护和传承乡村文化，强调乡村是中华民族传统文明的发源地，在经济社会发展中占有重要地位，乡村的富庶是盛世历史的重要标志。

（5）**产业振兴**：环境设计也是产业振兴的一部分，通过发展特色农业、乡村旅游等产业，推动乡村经济多元化，提供更多的就业岗位，增加农民收入。

（6）**基础设施建设**：加强农村基础设施建设，如农村公路、供水、供气、环保、电网、物流、信息、广播电视等，推动城乡基础设施互联互通，为乡村振兴提供物质基础。

（7）**规划引领**：制定国家乡村振兴战略规划，明确至2020年全面建成小康社会和2022年召开党的二十大目标任务，细化、实化工作重点和政策措施，部署重大工程、计划、行动。

这些导向背景共同构成了乡村振兴战略中环境设计方面的国家战略框架，旨在实现乡村的全面振兴和可持续发展。

1.2 乡村经济转型需求

随着城市化进程的加速，传统农业生产模式已经难以满足乡村经济发展的需求。为了促进乡村经济的转型升级，需要借助环境设计的力量，提升乡村旅游、农村产业等发展领域的品质和竞争力，实现经济的可持续发展。

劳动力流失至城市，导致农村劳动力空心化和农村人口减少。这使得传统的农业生产模式难以为继，也催生了对于乡村经济结构的转型需求。

（1）**传统农业模式下的生产方式落后**：传统的农业生产模式以小农经济为主，生产方式单一、技术水平低下，难以适应当今社会经济发展的要求。乡村经济需要转型升级，以适应市场需求和现代化农业生产的要求。

（2）**农村产业结构不合理**：目前，许多农村地区仍以传统的农业生产为主，产业结构单一，缺乏多样化和高附加值的产业支撑。为了提升农村经济的竞争力和可持续发展能力，需要调整农村产业结构，培育新的产业增长点。

（3）**农村人居环境亟待改善**：随着城市化进程的推进，农村人居环境面临着严峻的挑战。许多农村地区的房屋老旧、基础设施不完善、环境污染严重，已经无法满足人们对美好生活的需求。因此，改善农村人居环境，提升农村居民的生活品质，成为乡村振兴的重要内容。

（4）**乡村社会发展与民生改善**：乡村振兴不仅是经济问题，也包括社会和民生领域的改善。通过环境设计，可以提高乡村的基础设施、公共服务设施品质等，改善农村居民的生活条件和生活质量，增强乡村的吸引力和竞争力。

在这样的背景下，乡村经济转型成为当今中国农村发展的迫切需求和重要任务。环境设计作为一种重要的改造手段，能够为乡村经济转型提供有力支持和创新思路，为乡村振兴注入新的活力和动力。

1.3 传统文化保护与传承

乡村是中国传统文化的重要载体和传承地。在乡村振兴的过程中，需要注重保护和传承乡村的传统文化，包括历史建筑、民俗风情、传统手工艺等。通过环境设计，可以将传统文化元素融入乡村振兴的规划和建设，实现现代与传统的有机结合。

（1）**文化传统受到挑战：**随着城市化和现代化进程的推进，许多乡村地区的传统文化面临着严重的威胁和冲击。传统的村落建筑、乡土风情、民俗风情等传统文化元素逐渐消失，受到现代生活方式和外部文化的冲击较为明显。

（2）**文化自信与民族精神建设的需要：**乡村是中华优秀传统文化的重要承载地之一，传统文化的保护与传承关系到中华民族的文化自信和民族精神。在当前经济快速发展和城市化进程中，弘扬和传承乡村传统文化，增强文化自信，具有重要的现实意义和历史使命。

（3）**文化资源作为乡村振兴的重要支撑：**传统文化是乡村的独特资源和独特优势，对于乡村振兴具有重要的支撑作用。通过挖掘、保护和传承乡村传统文化，可以为乡村振兴注入新的活力，提升乡村的吸引力和竞争力。

（4）**乡村文化的多样性和地域性特征：**中国乡村文化具有丰富多样的特点，不同地区、不同民族的乡村文化各具特色。保护和传承乡村文化，既是对中国传统文化的保护，也是对地方文化的传承和发展，有利于促进乡村的多样性和地域性特征的展现和发展。

（5）**文化传承与乡村社区凝聚力：**传统文化是乡村社区凝聚力的重要来源。通过传承乡村传统文化，可以加强乡村居民的凝聚力和归属感，促进乡村社区的和谐发展与稳定。

综上所述，传统文化保护与传承是乡村振兴与环境设计密切相关的重要议题，其背景涉及保护乡村传统文化、增强文化自信、挖掘文化资源、促进地方发展等方面，对于实现乡村振兴和建设美丽乡村具有重要的意义和作用。

1.4　生态保护与可持续发展目标

随着人们生态文明意识的增强，对于生态环境保护和可持续发展的要求日益提高。乡村振兴不仅需要追求经济效益，更需要注重生态环境的保护和可持续利用，这也对乡村经济转型提出了新的要求和挑战。

（1）**生态保护的背景：**随着中国城市化进程的加速和工业化发展，农村生态环境受到了严重破坏，产生了水土流失、生物多样性丧失、生态系统退化等问题。这些问题威胁着农村的可持续发展和人民的生存环境，迫切需要采取相应措施加以解决。

（2）**可持续发展目标的背景：**可持续发展目标旨在实现经济、社会和环境的协调发展，是全球性的共同议程。其中，包括对生态环境的保护和可持续利用。通过合理利用资源、保护生态环境，实现经济的发展、社会的进步以及生态环境的改善。

（3）**乡村振兴与生态保护的关系：**乡村振兴战略提出了绿色发展、生态优先的理念，强调生态环境保护与经济发展的统一。乡村振兴需要在保护生态环境的前提下，通过合理规划和设计实现农村经济的发展、生活环境的改善，从而实现乡村社会、经济和生态的可持续发展。

（4）**环境设计在生态保护中的作用：**环境设计可以通过规划和设计乡村景观、建筑、公共设施等，促进生态保护与乡村振兴的有机结合。例如，设计生态农业园区、生态旅游景区、生态村庄等，既可以保护生态环境，又可以促进农村经济的发展，实现经济效益与生态效益的双赢。

（5）**实现可持续发展目标的重要性：**保护生态环境、实现可持续发展目标是当前和未来乡村振兴的重要任务。只有通过合理规划和设计，实现生态保护与经济发展的良性循环，才能实现乡村振兴的可持续发展目标。

因此，乡村振兴与环境设计需要紧密结合，通过环境设计的实践和研究，推动乡村生态保护与可持续发展。

第 2 章

理论与方法

乡村振兴环境设计的
理论框架

乡村振兴环境设计的理论基础涉及多个学科领域，包括城乡规划、景观设计、生态学、社会学、文化学等。以下是乡村振兴环境设计的主要理论框架：

2.1 城乡规划理论

城乡规划理论为乡村振兴环境设计提供了基本框架和方法论。它关注如何合理规划和利用乡村土地资源，促进城乡一体化发展，实现乡村空间布局的优化和功能的多元化。

（1）**城乡发展规划**：城乡发展规划是指对城市和乡村发展的长期规划，包括土地利用、产业结构、基础设施建设、生态环境保护等内容。乡村振兴与环境设计的城乡规划理论基础之一即源于城乡发展规划的理论体系。这些规划涵盖了城乡空间布局、产业结构调整、农村基础设施建设等方面，为乡村振兴提供了政策支持和空间保障。

（2）**土地利用规划**：土地利用规划是指根据城乡发展战略和目标，通过合理规划、布局和管理土地资源，达到优化土地利用结构、提高土地利用效率、保护生态环境和实现可持续发展的目的。在乡村振兴与环境设计中，土地利用规划发挥着重要作用，旨在实现乡村资源的合理配置、提高农村土地利用效率、保护生态环境、促进乡村经济发展和改善农民生活质量。

（3）**资源整合与优化配置**：通过土地利用规划，可以对乡村现有的土地资源进行全面调查和评估，科学合理地进行资源整合和配置，确保土地资源得到最优化利用。这有助于提高土地的生产力和资源利用效率，促进乡村经济的可持续发展。

（4）**乡村规划**：乡村规划是对农村地区进行综合规划和设计，包括村庄布局、建筑风貌、乡村景观等方面。这些规划着眼于提升乡村整体形象、改善居住环境、促进农村产业发展，为乡村振兴提供了空间和视觉支持。

（5）**城乡一体化规划**：城乡一体化规划是指统筹城市和农村的发展，实现城乡经济、社会和生态的协调发展。在乡村振兴与环境设计中，城乡一体化规划理论基础强调城乡发展的融合与互动，倡导城市和乡村共同发展，为实现乡村振兴战略目标提供了理论支持。

2.2　景观设计理论

　　景观设计理论强调人与环境的和谐共生，注重景观的可持续性、生态性和文化性。在乡村振兴环境设计中，景观设计理论可以指导如何打造具有乡土特色和生态美的乡村景观，提升乡村的整体形象和品质。

　　（1）**经济活力与可持续发展：**景观设计理论要兼顾经济发展和环境保护的平衡。通过设计具有经济效益的景观项目，如农业观光、乡村旅游景点等，可以为乡村注入新的经济活力，推动乡村经济的多元化和可持续发展。

　　（2）**生态环境保护与恢复：**景观设计理论倡导与自然环境的和谐共生。在乡村振兴过程中，需要重视保护和恢复乡村的生态环境，包括水体、植被、土壤等，以实现可持续发展的目标，提升乡村的生态品质和生活环境。

　　（3）**文化传承与地域特色：**景观设计理论强调在设计过程中融入当地的历史文化、传统建筑风格和地域特色。通过体现乡村独特的文化底蕴，可以增强居民的认同感和归属感，同时吸引游客，促进地方经济发展。

　　（4）**乡村景观规划：**景观设计应该结合乡村振兴战略，进行系统的景观规划和设计。通过统筹考虑农村居民的生活需求、产业发展、基础设施建设等方面，打造功能完善、布局合理的乡村景观空间。

　　（5）**农业与乡村产业发展：**景观设计可以促进乡村产业的发展和转型升级。设计师可以结合当地的农业资源和产业特色，打造农业观光园、农业体验区等，吸引游客和投资，推动乡村经济的多元化发展。

　　（6）**乡村旅游与文化体验：**景观设计可以为乡村旅游业的发展提供支持。设计师可以打造具有吸引力的景点、农家乐、文化艺术活动等，提升乡村的旅游体验，促进乡村文化产业的繁荣。

2.3　生态学理论

　　生态学理论关注生物和环境之间的相互作用关系，强调生态系统的稳定和健康。在乡村振兴环境设计中，生态学理论可以指导如何保护和恢复乡村的生态环境，促进农村生产与生态保护的有机结合。

　　（1）**生态系统理论：**生态系统理论是生态学的基础，强调了生物和环境之间的相互作用关系，以及生态系统的结构和功能。在乡村振兴环境设计中，生态系统理论指导设计者要从整体和系统的角度考虑，合理规划和布局乡村空间，保持生态系统的完整性和稳定性。

（2）**生物多样性保护**：生物多样性是生态系统的重要组成部分，对维持生态平衡和生态功能至关重要。乡村振兴环境设计应该重视生物多样性保护，通过保护和恢复当地的生物多样性，增强生态系统的稳定性和抗干扰能力。

（3）**生态恢复与重建**：在乡村振兴过程中，许多地区的生态系统可能已经受到破坏，需要进行生态恢复和重建。生态恢复与重建的目标是恢复受损的生态系统功能，促进自然资源的再生利用，提升生态系统的服务功能和价值。

（4）**生态设计原则**：生态设计原则包括最大限度地减少对自然环境的干扰，保护和增强生态系统的稳定性和复原力，以及利用自然过程实现设计目标等。乡村振兴环境设计应该遵循生态设计原则，通过合理的设计手段和技术手段，保护和改善当地的生态环境，实现人与自然的和谐共生。

2.4 社会学理论

社会学理论关注社会结构、社会关系和社会变迁等问题，可以帮助设计师理解乡村社会的发展状况和问题所在。在乡村振兴环境设计中，社会学理论可以指导如何满足不同居民群体的需求，提高社区凝聚力和归属感。

（1）**社区参与与社会资本**：社会学理论强调社区参与和社会资本的重要性。在乡村振兴过程中，社区居民的参与是至关重要的，他们的意见和建议可以帮助设计师更好地理解社区需求，并制定更符合实际情况的设计方案。此外，通过加强社区内部的社会联系和合作，可以促进社会资本的积累，提升社区的凝聚力和发展活力。

（2）**社会正义与公平**：社会学理论关注社会的正义和公平问题。在乡村振兴环境设计中，需要考虑到不同社会群体的利益和权利，避免设计方案对某些群体造成不公平或排斥现象，确保设计的公平性和包容性。

（3）**社会文化和身份认同**：社会学理论强调社会文化和身份认同对个体行为和社会关系的影响。在乡村振兴环境设计中，需要充分考虑到当地文化传统、价值观念和身份认同，尊重当地居民的文化习惯和生活方式，使设计更加贴近当地的实际情况，增强居民的认同感和归属感。

（4）**社会变迁与适应能力**：社会学理论关注社会变迁和社会系统的适应能力。在乡村振兴环境设计中，需要考虑到社会经济发展、人口流动、文化传承等因素对乡村社会结构和生活方式的影响，通过设计和规划帮助乡村社会适应变化，实现可持续发展。

（5）**社会网络与关系**：社会学理论强调社会网络和关系对个体行为、社会发展的重要影响。在乡村振兴环境设计中，需要考虑到社会网络的结构和功能，通过设计和规划促进社区内外的联系和互动，增强社区的社会网络和资源共享能力。

2.5　文化学理论

文化学理论关注文化的传承、创新和演变，强调文化对于社会发展的重要性。在乡村振兴环境设计中，文化学理论可以指导如何保护和传承乡村的传统文化，挖掘乡村的历史文化资源，增强乡村的文化软实力。

（1）**文化传承与保护**：文化学理论强调文化传承和保护的重要性。在乡村振兴环境设计中，需要重视乡村的历史文化、传统习俗、民间艺术等，通过设计和规划保护和传承乡村的文化遗产，增强乡村的文化底蕴和吸引力。

（2）**文化创新与融合**：文化学理论鼓励文化创新和融合。在乡村振兴环境设计中，可以结合当地的传统文化和现代设计理念，创造出具有时代特色和地方特色的景观环境，促进文化的创新和发展。

（3）**文化认同与地方性**：文化学理论强调文化认同和地方性的重要性。在乡村振兴环境设计中，需要考虑当地居民的文化认同和地方意识，通过设计强化居民对乡村的归属感和认同感，增强乡村的凝聚力和社区稳定性。

（4）**文化交流与互动**：文化学理论认为文化交流和互动是文化发展的重要动力。在乡村振兴环境设计中，可以通过创建文化交流平台、举办文化活动、推动文化旅游等方式，促进乡村与外界的文化交流与互动，丰富乡村文化生活，促进乡村文化的繁荣。

（5）**文化教育与创意产业**：文化学理论认为文化教育和创意产业是文化发展的重要支撑。在乡村振兴环境设计中，可以通过建设文化教育设施、支持文化创意产业发展等方式，激发乡村居民的文化创造力和创业精神，推动乡村经济的转型升级。

2.6 可持续发展原则

在乡村振兴环境设计理论基础上，可持续发展原则至关重要。可持续发展原则意味着在满足当前需求的同时，不会损害未来世代满足其需求的能力。在乡村振兴过程中，可持续发展原则的应用可以确保设计方案在经济、社会和环境方面都具有长期的可持续性。

（1）**保护自然资源**：乡村振兴环境设计应该注重保护和合理利用自然资源。设计师需要充分考虑土地、水、植被等自然资源的承载能力，避免过度开发和破坏，确保自然环境的健康和稳定。

（2）**促进生态平衡**：可持续发展原则要求在乡村振兴环境设计中注重生态平衡的实现。设计师应该采取措施保护和恢复乡村的生态系统，包括植被恢复、水体治理、生态廊道建设等，以确保生态系统的健康和稳定。

（3）**经济发展与社会公平**：可持续发展原则要求在乡村振兴环境设计中实现经济发展与社会公平的平衡。设计方案应该促进乡村经济的繁荣和居民收入的增加，同时也要关注弱势群体的利益，保障他们的参与权和受益权。

（4）**居民参与与共建**：可持续发展原则上强调居民参与和共建的重要性。在乡村振兴环境设计中，设计师应该与当地居民充分沟通、协商，听取他们的意见和建议，使设计方案更贴近实际需求，增强社区的凝聚力和认同感。

（5）**文化传承与创新**：可持续发展原则要求在乡村振兴环境设计中注重文化传承和创新。设计师应该保护和传承乡村的历史文化、传统技艺等，同时也要鼓励文化创新，使文化成为乡村振兴的重要推动力量。

2.7 创新性与适应性原则

在乡村振兴环境设计理论基础上，创新性与适应性原则至关重要。这些原则强调了在设计过程中的创造性和灵活性，以应对不断变化的乡村发展需求和挑战。

2.7.1 创新性原则

（1）**技术创新**：乡村振兴环境设计应该积极采用先进的技术手段和创新的设计理念，以提高设计效率和质量，例如利用智能化技术改善农村基础设施、推动数字化农业发展等。

（2）**功能创新**：设计师应该创新功能性设计，将乡村环境打造成多功能、灵活可变的空间，例如将农田改造为多功能农业观光园，结合农业生产和旅游观光，创造新的经济增长点。

（3）**文化创新**：注重乡村文化的传承和创新，通过设计带入现代文化元素，使传统文化与现代生活相结合，创造出独特的文化景观。

2.7.2 适应性原则

（1）**灵活性设计**：乡村振兴环境设计应该具有灵活性，能够根据不同乡村的特点和需求进行调整和适应。设计师应该充分考虑不同乡村的地域、资源、人口等差异性，制定灵活的设计方案。

（2）**生态适应**：设计应该符合自然环境的特点和规律，尊重自然生态系统的平衡和稳定。在设计过程中，应该避免破坏自然环境，保护和利用当地的生态资源。

（3）**社会适应**：设计应该符合当地居民的生活习惯和需求，促进社会的和谐发展。设计师应该与当地居民密切合作，听取他们的意见和建议，确保设计方案符合实际情况。

第 3 章

空间

空间的优化

乡村振兴与人居

3.1 乡村环境设计与人居空间优化设计

人本主义设计理论强调将人的需求和体验置于设计的核心位置，注重设计师对用户的关注和理解。在乡村公共空间优化设计中，人本主义设计理论可以指导设计师注重公共空间的舒适性、可达性和适应性，创造出更贴近居民生活和需求的空间环境。

3.1.1 人本主义理论

人本主义理论强调将人的需求和感受置于设计的核心位置。在乡村振兴中，可以根据农村居民的生活习惯、文化传统和社会需求，设计符合当地特色和人文环境的建筑和公共空间，提升农村居民的生活品质和幸福感。

（1）**关注农村居民的需求和感受**：通过深入调研和了解农村居民的需求和期望，制定相关政策和项目。其中，包括改善基础设施、提高公共服务水平、推动产业就业、健全社会保障体系等方面，以满足农村居民的生活需求，提高其生活质量和幸福感。

（2）**推动农村社区建设**：强调以人为本，重视农村社区的建设和发展。通过规划和建设公共设施，如学校、医院、文化活动场所等，营造和谐、宜居的社区环境，增进居民之间的交流互动，提高社区凝聚力和归属感。

（3）**尊重农村居民的价值观和文化传统**：充分发挥村民在乡村发展中的积极作用。鼓励和支持农村居民保护和传承本地文化遗产，促进文化产业的发展，激发居民的创造力和活力。

（4）**倡导参与式农村发展**：鼓励农村居民参与农村发展规划、决策和实施过程，让他们成为发展的主体和受益者。通过村民自治、合作社组织等形式，激发农村居民的参与热情，增强他们的发展自信心和动力。

（5）**注重农村教育和健康保障**：关注农村居民的教育和健康问题，提供优质的教育资源和医疗卫生服务，不仅有助于提高农村居民的文化素养和技能水平，还能够增强其自我实现能力和社会融入能力。

3.1.2 社会空间理论

社会空间理论关注人们在社会空间中的行为和互动，强调社区环境对居民生活的影响。在乡村振兴中，可以运用社会空间理论来规划和设计农村社区，打造宜居、和谐的社区环境，促进居民之间的互动和交流。

（1）**社区规划与设计**：基于社会空间理论，可以进行农村社区的规划与设计，以创造具有包容性、互动性和活力的社会空间。考虑到农村居民的社会活动和文化传统，规划出便利的公共设施、绿地休闲空间等，促进居民之间的交流互动，提升社区凝聚力。

（2）**社会空间的重构与再利用**：利用社会空间理论，对农村空间资源进行重新规划和再利用，将废弃的土地和建筑变为有益的社会空间。可以将废弃的厂房改建成文化创意产业园区，或将闲置的农田打造成休闲农庄，从而激活农村的社会空间，促进乡村经济的发展。

（3）**社会空间的公平与包容**：社会空间理论强调社会空间的公平和包容，倡导为不同群体提供平等的社会空间资源。在乡村振兴中，需要关注弱势群体的利益，提供适宜的社会空间环境，满足他们的生活和发展需求，实现社会空间的公平和包容。

3.1.3 住房建设与改造

通过住房建设和改造，提高农村居民的居住条件。可以采取多种形式，如修缮老旧房屋、建设新型农村居民住宅、推广农村集中供暖等，改善农村居民的住房环境，提高其居住舒适度。

（1）**老旧房屋改造与重建**：对农村地区老旧房屋、危房进行改造和重建，提升农村居民的居住条件和安全保障。可以通过政府补贴、贷款支持等方式，帮助农村居民改造房屋，提高房屋的结构强度和功能性，改善居住环境。

（2）**新型农村居民住宅建设**：推动新型农村居民住宅建设，打造现代化、标准化的农村住房。这种住宅具有防火、防盗、抗震等功能，配备了基本的生活设施，符合农村居民的实际需求和居住习惯。

（3）**农村集体宿舍建设**：鼓励农村集体经济组织或合作社建设集体宿舍，为外出务工人员和孤寡老人提供住宿保障。集体宿舍可以减少农村居民的居住成本，提供统一的管理和服务，解决农村人口外流和留守老人的居住问题。

（4）**农村特色民居保护与传承**：保护与传承农村特色民居建筑，注重传统建筑文化的保护和发展。通过修缮老宅、保护传统民居建筑风貌、推广农村文化旅游等方式，提升农村特色民居的文化价值和吸引力，促进乡村振兴和文化传承。

（5）**低碳环保住房建设：**倡导低碳环保的住房建设理念，推广使用环保材料和节能设备，减少建筑过程中的能耗和碳排放。可以通过开展示范工程、提供政策支持等方式，推动低碳环保住房在农村地区的广泛应用。

（6）**农村租赁市场建设：**建设农村住房租赁市场，丰富农村居民的居住选择。通过建设农村租赁住房、引入租赁机构、提供租赁补贴等方式，促进农村住房租赁市场的发展，满足农村流动人口和新生代进城务工人员的居住需求。

3.1.4 配套设施建设

建设配套设施，包括道路、排水系统、供水供电设施等，为农村居民提供基本生活便利。同时，适当的配套设施建设也能够提升乡村整体的基础设施水平。

（1）**基础设施建设：**建设完善的基础设施，包括道路、供水、供电、通信等，以提高农村地区的交通便利性和生活舒适度。特别是要加强农村公路的建设，提高通行能力，方便农民出行和农产品运输。

（2）**教育设施建设：**建设教育设施，包括学校和幼儿园等，提高农村居民的教育水平和教育资源配置。可以修建新校舍、扩建教学楼、改善校园设施，提供更好的学习条件，促进乡村教育的发展。

（3）**医疗卫生设施建设：**加强医疗卫生设施建设，包括建设村级卫生站、卫生院、社区卫生服务中心等，提高农村居民的医疗保健水平和健康服务覆盖率。可以配备现代化医疗设备、培训医疗人才，提高农村医疗服务水平。

（4）**文化娱乐设施建设：**建设文化娱乐设施，包括图书馆、文化活动中心、体育场馆等，丰富农村居民的精神文化生活。可以组织文艺演出、体育比赛、文化展览等活动，提升农村居民的文化素质和娱乐消费水平。

（5）**商业服务设施建设：**建设农村商业服务设施，包括农村集贸市场、便民商店、农村综合服务站等，提供便利的购物和生活服务。可以鼓励发展农村电商、农村合作社等新型经营主体，促进农村商业繁荣。

（6）**社区公共服务设施建设：**建设社区公共服务设施，包括社区活动中心、养老服务机构、儿童托管中心等，满足农村居民的多样化需求。可以加强社区服务网络建设，提供全方位的社区服务，增强社区凝聚力和归属感。

3.1.5 田园风光和景观规划

注重田园风光和景观规划，保留和强化农村的自然风貌和人文特色。可以通过景观绿化、文化遗产保护等方式，打造具有浓郁田园风光的人居环境，提升农村的吸引力。

（1）**景观规划与设计**：通过规划和设计，打造具有田园风光的乡村景观，如田园风光带、田园综合体等。可以合理利用农村的自然资源和人文景观，打造宜居、宜游的景观线路，吸引游客观光，促进农村旅游业的发展。

（2）**农村生态景观保护**：重视农村生态环境的保护和恢复，保护农村的自然景观和生态系统。可以通过生态修复、植被保护、水体治理等方式，改善农村生态环境，提升乡村景观的品质和吸引力。

（3）**农村休闲农业与乡村体验**：发展农村休闲农业和乡村体验项目，让游客亲近自然、感受农耕文化。可以开发农家乐、采摘园、农耕体验等项目，让游客参与农村生活，体验田园风光，促进乡村旅游和农村经济的发展。

（4）**乡村环境美化工程**：实施乡村环境美化工程，美化农村村庄和道路景观，提升农村景观的整体品质。可以实施村容整治、绿化美化、路灯装饰等工程，增强乡村景观的美观度和吸引力，营造宜居、宜游的农村环境。

3.1.6 农村村庄整治

实施农村村庄整治工程，提升村庄的整体形象和环境质量。可以对村庄进行环境治理、农房整修、道路硬化等工作，提高村庄的形象品位，改善农村居民的生活环境。

（1）**村庄环境整治**：进行村庄环境整治工作，包括村容村貌美化、卫生环境整治、垃圾治理等。可以修建村道、整治村口、美化公共场所、清理村内垃圾、改善卫生设施等，提升农村村庄的整体环境质量。

（2）**房屋改造与重建**：对老旧、破败的房屋进行改造与重建，提高农村居民的住房条件和居住环境。可以通过政府资金补助、农村信贷支持等方式，改善农村房屋的结构安全、功能性和舒适度，提升居民的居住品质。

（3）**基础设施建设**：加强村庄基础设施建设，包括道路、供水、供电、通信等，提高农村的基础设施品质。可以修建硬化村道、改善供水供电条件、完善通信网络等，提升农村居民的生活便利性和舒适度。

（4）**村庄功能提升**：优化村庄功能布局，促进村庄功能多元化发展。可以发展农村产业、建设农村公共服务设施、推动农村文化旅游等，丰富村庄功能内涵，提升村庄的综合发展水平。

（5）**乡村规划与土地整治**：制定科学合理的乡村规划，规划村庄用地、产业布局、生态保护等，实现土地资源的合理利用和保护。可以通过土地整治、土地流转、村庄扩容等方式，优化土地利用结构，提升农村的土地价值和经济效益。

3.2　乡村振兴与人居空间的优化项目案例研究与分析

3.2.1　案例一：全域旅游背景下的乡村公共空间设计研究——以和平村公共空间设计为例

马　悦

1．乡村公共空间实例研究

1）传统型乡村公共空间实例研究

（1）云南省琢木郎村基本概况

琢木郎村是隐藏于云南省大理州巍山县大仓镇东部大山深处的古彝村。由于交通不便，村庄常年与村落外较少联系，至今仍延续了古代南诏国农耕文明，并保留着浓厚的彝族原生态文化，民风淳朴。村庄依山而建，民居坐南朝北建在山坡上，被山地和茂密的树林包围，是典型的聚居式山地村落。琢木郎村的公共空间以血缘和地缘为基础，以日常使用需求为前提，通过自生长、自组织、自构建形成，产生的行为具有固定化、常态化特点。目前由于人口逐渐流失，村内公共空间整体活力持续下降。

（2）云南省琢木郎村公共空间分类及特点

①院落

村内院落空间主要由正房、耳房、厢房组合而成，是村民生活的重要空间。院落空间的使用时间和频率与事件的发生息息相关，有一定的规律性。琢木郎村婚丧嫁娶的风俗极具特色，每逢红白喜事，村民都会在自家院落宴请亲朋好友，通过共同参与举行活动维系社会关系。除此之外，临丰收时节，院落也是村民晾晒谷物的首选之地。

②街巷

村内崎岖坎坷的道路串联了乡村中的公共空间，形成了琢木郎村的整体空间序列。街巷主要记录了村民交通性的活动以及短时间的随机性社交活动，是村民日常生活中的必经之地。在琢木郎村街巷内可以看到身穿传统服饰的彝族妇女在千年古树下刺绣，村民结伴放牧、聊天、串门……街巷内发生的活动以自发性活动为主，只有在条件、时间、天气等适宜时，才有可能发生。

③空地

道路节点的空旷场地是村民定期举行传统节日庆典时聚集在一起打歌的地方，空间尺度大、凝聚力强，活动多以社会性为主。

④寺庙

由于琢木郎村的村民崇拜神明，所以村内有观音庙、魁阁、本主庙三座寺庙，分别承载着不同的祭祀活动。三处寺庙规模大小不一，观音庙位于琢木郎村的东南角，主要用于祭祀观音和地母；魁阁位于西北隅河边，供奉魁星神尊；本主庙和乡村平行相对，是祭祖圣地。寺庙是村民在固定时间发生特定行为的空间，是精神文明的载体。

⑤林地

琢木郎村的林地多种植核桃、玉米和小麦，是乡村重要的生产空间。除种植农作物之外，在村子东面密林深处是彝族人的古墓群，是全村人共同祭祀的对象，记录了村内的宗族关系。

琢木郎村是传统型乡村公共空间的典型代表，是自然生长形成的，空间内发生的公共活动与交往主要围绕村民日常生活展开，受外界因素影响较小。在社会变迁的语境下，传统乡村公共空间正面临着加速消失的困境。

2）当下价值观叠合与冲突中的过渡型乡村公共空间案例研究

城镇化的加速推进，造成地处近郊的乡村容易受当下价值观念叠合与冲突的影响，以往所呈现的人口结构、生活习惯、空间形式……逐渐被打破。为尽快结束乡村现代化变迁进程中必然经历的、客观存在的过渡性，各村委会试图寻找有效的策略不断更新乡村，使其由封闭状态向半开放、开放状态转变，进而更好地适应社会发展。

（1）重庆市海兰村公共空间实例研究

海兰村位于重庆市九龙坡区金凤镇，是G5001重庆绕城高速和X723县道交会处，同时是含谷镇与金凤镇交界处。全域旅游虽然带动了海兰村的发展，但由于海兰村建设发展缺乏系统规划，导致了乡村公共空间修补式的营造。2017年以前，海兰村公路不通，村民出行极为不便，造成了生产生活困难。接到村民诉求后，政府安排统一搬迁，改善了基础设施和周边环境。2019年，为解决海兰村绕城高速涵道口配套服务设施不足、无公共休闲区和摊贩摆设区等问题，笔者参与了金凤镇海兰村外环高速立交道口农产品摊位治理项目。该地毗邻海兰云天度假区、海兰农庄、九凤山以及金凤镇政府，旅游资源丰富。通过新建快速道路再规划提供快速通行条件，排除安全隐患，改善乡村人居环境和村民生产生活条件，促进了村民与游客之间的交流。利用全域旅游发展机遇，让海兰村及附近居民享有完善的基础设施、均等化的公共服务和宜居宜业的环境，促进城乡协调发展，有利于海兰村在今后发展过程中有效连接其他区域的资源。

（2）重庆市九凤村公共空间实例研究

九凤村地处金凤镇政府西侧，缙云山脉南段东侧，全村面积7.8平方千米，其中山区面积占60%以上，耕地面积约121.33公顷，生态资源良好。虽然九凤村拥有九凤梨花山、百年梨园、九凤瑶池、黛湖等自然资源，但同海兰村一样，由于前期缺乏设计规划，只能逐一解决乡村发展过程中产生的问题。例如，为改善村内缺少统一的文化载体和可以容纳当地居民和游客共同活动交流的空间这一现象，利用九凤村村委会旁边空地，增设文明实践广场；针对乡村发展现状及需求，通过完善基础设施，增加戏台、运动场地、景观种植池等。为打造一个具有"凤"文化背景的公共空间，挖掘当地文化资源，将五色凤凰图案运用于地面铺装，强化空间特色。金凤镇与游而学集团合作，在广场旁边打造游而学金凤拓展基地，带动了人流量。九凤村文明实践广场建成后，不仅改善了附近村民的生活环境和条件，还促进了村民和游客交流，为周边中小学提供了良好的活动场地。

以海兰村和九凤村两个案例为代表研究价值观叠合与冲突中的过渡型乡村公共空间，发现这类公共空间由于多元因素的交错与叠合，多以修补式营建为主，以全域旅游作为催化剂完善基础设施、丰富空间功能，具备一定的发展潜力。

3）适应全域旅游需要的乡村公共空间案例研究

（1）河北省郭家庄村公共空间实例研究

①基本概况

郭家庄村位于兴隆县南天门满族乡，地处北京市、天津市、唐山市、承德市等几座城市中心地带。G112国道从郭家庄村穿过，附近各城市均能短时间到达，旅游资源丰富。2017年，河北省兴隆县着力打造全域旅游新格局，推动区域发展。郭家庄村借助全域旅游、美丽乡村建设和乡村人居环境治理的契机，改善村容村貌，逐渐形成"乡村旅游+景区游+写生创作+影视基地"的良性发展模式。

②空间布局

村庄依山就势，沿洒河分布。全村共226户，726人，总面积9.1平方千米，其中耕地面积约45.33公顷，荒山面积约400.33公顷。村内民居组团受乡村建设发展的影响，被日益生长的功能空间所连接，最终形成以"东台子、西台子"为双核心的聚落空间。东台子民居比西台子民居分布密集，街巷空间狭窄，院落规整。

③公共空间构成

笔者通过实地调研，从空间的功能性质、行为活动及空间特点分析和梳理郭家庄村的街巷、德隆酒厂、南天博院、影视基地、文化广场、村委会、小学、民宿及农家乐空间。

根据现场调研，郭家庄村的公共空间大致分为德隆酒厂、村委会、小学、南天博院、影视基地、文化广场六个区域。为了带给游客更优质的体验，沿G112国道增加了农家乐和民宿空间。郭家庄村的公共空间不仅满足了村民日常生活交往的需求，还为游客提供了良好的"食、住、行、游、购、娱"空间。从整体来看，村庄公共空间功能丰富，但风格不统一，缺乏满族特色。仅将传统的满族纹样运用到景墙、灯具、地面铺装等景观小品中，难以弥补郭家庄村在发展过程中满族特色的逐渐流失。

为适应全域旅游发展的需要，郭家庄村进行了系统地规划和建设，逐步形成了集观光、民俗、田园、生态等于一体的复合式业态，不断更新街巷空间界面，并根据乡村自身发展增设公共空间，优化基础设施。

（2）重庆市惜字阁村公共空间实例研究

①基本概况

惜字阁村位于重庆市大足区棠香街道北侧，距大足主城区4千米，东邻宝顶镇铁马村，南邻和平村，西邻龙岗街道龙岗村，北邻中敖观寺村。大足区以周边丰富的旅游资源为优势，发展全域旅游，统一规划区域范围内的乡村，强化公共服务，探索最大限度满足游客及村民需求的发展新模式，推动美丽宜居乡村的建设。2017年，导师工作室设计团队介入了惜字阁村美丽宜居乡村建设，利用全域旅游发展，建立可持续的空间格局。

②空间布局

在设计过程中，将惜字阁村的空间划分为海棠园民宿示范点、海棠风景园区、惜字阁村落环境示范区、惜字阁生态停车场区域、惜字阁院落整治示范区五部分。村庄整体生态环境良好，山、水、田、林人工痕迹弱。

③公共空间设计前后对比

为适应全域旅游发展的需要，惜字阁村无论是空间布局还是运营建设模式都有较为清晰的规划，利用优良的自然风貌和田园风光推动农业生产、农村生活、文化旅游、产业经营协调发展。紧扣环境整治主题，着力解决乡村环境脏乱差、环卫设施不完善等基础问题，逐一优化道路、建筑、公共节点、院落周边环境、公共服务设施等内容，全方位提升规划区内的人居环境品质，注重空间开放，打破空间界面，达到村景交融的目的，为中远期规划作铺垫。但由于惜字阁村公共空间是整体建设，所以发展周期长，力度较小，短时间内变化不明显。

2．全域旅游背景下的乡村公共空间设计策略研究

1）全域旅游背景下的乡村活动人群分析

（1）村民的构成与需求分析

村民是公共空间的主要参与者和推动者，但问卷调查抽样结果显示约46.67%的样本是农村户口，其中近35.24%的人在城市生活。除此之外，通过笔者对郭家庄村人口构成分析后得出村内总人口数量为726人，30岁以上者占总人数的78%，且大多数为老年人和妇女。由此可见，乡村人口数量逐渐减少，劳动力明显不足，乡村老年化、空心化日趋普遍，使村民在公共空间中参与度大不如前。

此外，全域旅游背景下村民的行为和需求更加容易被忽视，为确保公共空间的可持续发展，有必要对村民的行为需求进行深入研究，合理规划功能和布局。通过分析乡村人口构成，了解村内不同人群的活动行为和活动时间，创造贴合实际需求的公共空间，尝试将公共空间内的部分活动由自组织转变为无组织，提高村民的参与度。不仅满足其情感需求和社交需求，还要思考如何实现他们的自我价值。

（2）游客的需求分析

全域旅游作为乡村的支柱产业，吸引了大量城市居民驻足于此，因此公共空间能否满足他们的需求和体验成为全域旅游能否平稳发展的主要影响因素之一。笔者在研究过程中设计相关问卷，通过微信平台发放。在综合分析105份问卷调研数据基础上得出以下结论：快节奏的城市生活和社会发展提高了城市居民的经济水平，他们在乡村旅游过程中对自然环境、生活品质、服务设施等方面有着较高的要求，更偏向以参与式体验为主的活动。数据侧面反映了对于乡村公共空间的设计，尤其是在旅游背景下的公共空间应该从游客视角出发，向"生活化、游戏化、学习化"发展，针对乡村实际发展状况分析空间中不同人群的需求，充分利用乡村自然资源和人文资源提供多元化的公共空间，提升空间品质，提高村民在公共空间中体验参

与度的同时，满足他们的精神需求和审美需求。

2）全域旅游背景下对乡村公共空间的新需求

根据乡村公共空间的功能性质，可以将其划分为生产空间、生活空间、文化空间、政治空间……其中，生产空间、生活空间和文化空间受全域旅游影响较深，需要全面考虑使用者的需求，混合多种功能，形成新的生产力和竞争力。

①生产空间

生产空间是乡村公共空间的重要组成部分，源于村民的日常生活和生产劳动，满足了村民对农业和手工业产品生产和再加工的需求，还能为其他产业的发展提供相应的空间。在全域旅游的发展下，乡村产业结构由单一转向多元化，生产空间的目的已经不仅是生产，更多的是利用生产性空间优势，产生艺术、景观、情感等非生产性价值。这类空间有生命、有文化、能长期继承、有明显物质产出，经过艺术性加工之后具有极高的景观价值，可以延长人们在空间中的停留时间，加强游客对传统文化的认识和了解，进而实现传承。

②生活空间

生活空间是日常生活和休闲娱乐等活动迭至而成的空间，是构建和谐社会关系、延续集体记忆载体、满足基本公共交流的空间，例如院落空间、街巷、古井旁、古树下、闲散空地等。在乡村自身发展过程中，由于空间使用群体单一，难以适应社会发展，部分空间利用率下降，发展滞后。生活空间受全域旅游发展的影响，更加注重使用者的感受，不断丰富功能，增设公共停车场，更新街巷空间，部分院落空间逐渐发展为民宿和农家乐……

③文化空间

文化空间见证了乡村的形成和发展，具有独特的地域特色、传统文化及生活习俗，增强了村民的归属感和认同感。为缓解全域旅游背景下，外界因素所引起的文化空间中原生文化符号、文化活动和文化格局的分裂，通过博物馆、文化馆、历史馆等各种形式挖掘文化的经济价值，避免传统文化断层和场所精神的丧失，保留和传承文化的同时，促进社会融合和环境认同。

例如，山东杜家坪村的再生实践，原本乡村受城镇化冲击逐渐变为空心村。设计团队将荒废的村子重新定位为乡村艺术区，增设民宿、艺术工作室、博物馆、美术馆、图书馆等文化空间，通过功能置换，提高空间的利用率，为乡村带来新的转机。项目建成后杜家坪成为创意文化产业艺术区，集文化创作基地、现代休闲农业、摄影文化基地、艺术廊区、高端民宿、旅游等于一体的综合性休闲景区。

（2）对形态的需求

城镇化的推进为乡村提供了许多可能性，也加速了乡村特色的流失，致使乡村趋同化，出现"千村一面"的现象。受全域旅游影响，乡村公共空间形态不仅是传统向现代的转变，更需要挖掘传统文化，创造载体，避免乡村失去原真性，同时在保留原有环境的基础上，强化道路、边界、节点的可识别性，丰富空间层次，吸引人流。首先，在延续乡村原有肌理的基础上梳理交通系统，尽可能串联公共空间，增强空间的可达性，提供良好游览路线的同时，有助于游客定位自身所处的位置，加深对空间的印象。其次，边界是激发空间活力的重要部分，边界界面的开放或围合处理，可以在不同程度上引导人流在空间内有序活动，借助材质、色彩、形态改善视觉效果，增加空间的节奏感。在辐射范围较广、空间尺度较大的空间节点增加标志性构筑物，增强空间凝聚力。例如，贵州桐梓官仓村民活动中心设计根据贵州地区建筑特色，通过大屋顶和灰空间打造一个渗透景观、感知文化精神的公共空间，赋予村落建筑新风貌。提取当地的构造元素，用不同材质拼贴而成立面，保持贵州地区的独特韵味。

（3）对精神的需求

公共空间所积淀的独特历史文化和风俗习惯强化了人们对乡村的归属感和认同感，但在乡村发展建设过程中丧失了自身特色，空间的识别性和归属感也加速衰减。在全域旅游背景下，公共空间中蕴含的历史文脉是连接当下和过去的桥梁，对乡村公共空间的建设需要在原有环境的基础上进行改造或更新，延续和发展地域特色，促进人与人之间的交流，有效提升乡村活力。而对久居城市的人们来说，在乡村悠闲、宁静、生态的自然环境可以追寻返璞归真的乐趣。乡村公共空间作为游客与村民交流和体验乡村文化历史的重要媒介，不仅满足了游客的乡村情怀，也加深了他们对乡村的认识和了解。

3）全域旅游背景下的乡村公共空间设计思路

（1）丰富空间功能

乡村公共空间是村民情感寄托和精神归宿的媒介，具有生活、经济、政治、文化和生态等多元价值。功能是衡量全域旅游背景下乡村公共空间质量的重要指标，相对单一的空间形式造成了功能性的不足，一定程度上影响了村民日常活动。

全域旅游背景下乡村公共空间中的活动人群比传统型乡村公共空间更加多样化和复杂化，不同社会群体在空间中的行为反映了对功能的需求。因此，在设计过程中应充分考虑空间中使用对象的需求，围绕他们的行为状态并结合现代生活形成多样化的空间功能，合理把控尺度，创建良好的交流空间，促进不同阶层和背景的人共享公共空间，以增强空间活力。

（2）梳理空间界面

在乡村公共空间复杂的环境中，界面是各个空间的交接面，对其形式、质感及细节的处理能够丰富视觉效果，不同界面的组合会形成不同的空间效应，从而影响人对公共空间的主观意向。从空间维度出发，可将界面划分为三个部分，即顶界面、底界面和垂直界面。在乡村公共空间的设计过程中，对界面的梳理主要针对底界面和垂直界面展开，从色彩、材质、尺度、形态等方面更新两种界面，可以有效改善空间秩序，提升空间质量。

①底界面

通过地面铺装材质和形式产生视觉上的变化以暗示不同的空间功能，利用场地高差划分空间，强化空间性质的转变并形成有序的动线轨迹。对乡村公共空间底界面的梳理有助于整合碎片空间，构成空间的连续性。

②垂直界面

乡村公共空间中垂直界面通过分隔和围合空间组织空间序列，增强空间感，创造有特色的空间效果，例如建筑立面、景墙、边坡、景观小品……垂直界面的围合方式直接决定了空间封闭或开敞的效果，营造出丰富多变的空间层次，延长人们在空间中的逗留时间。

（3）完善服务设施

服务设施在乡村公共空间中具有举足轻重的作用，缺少相应的服务设施会降低空间质量，制约空间发展，久而久之，空间易被弃用。反之，基于乡村现状，完善餐饮、住宿、接待等其他服务设施，提升参与感和体验感，使全域旅游背景下的乡村公共空间更加人性化，能够有效增加村民和游客的活动及交往频率。通过合理配置服务设施，提高全域旅游的品质，使设施服务全面化、效益最大化，形成公共空间与公共服务设施相互促进、相互补充的系统性规划。

（4）增强空间特色

乡村公共空间不仅承载着村民在不同时期的空间印记和集体记忆，还承载了村民强烈的归属感和认同感，形成了独特的场所精神。因此，全域旅游背景下的乡村公共空间设计需要依托条件优势，新旧共存，着重挖掘乡村历史、文化、习俗等，保留乡村原有特色，通过设计的介入提出多元化的解决方案。

为了体现乡村的地域性差异，全域旅游背景下的乡村公共空间需要着重营造空间艺术氛围和文化感，梳理组织并更新空间肌理，提升空间的吸引力和识别度，形成结构分明、合理实用、层次丰富、极具特色的空间。一方面尊重传统建筑和传统文化；另一方面避免激进的突变，在提取地域特色的基础之上，将乡土材料与现代材料通过不同形式的结合运用到空间界面中，借助颜色、肌理、质感的对比，产生丰富的艺术效果，保证不同乡村公共空间的独特性。

4）全域旅游背景下的乡村公共空间设计策略

（1）共谋、共建、共管、共享

全域旅游背景下的乡村公共空间设计需要以活动主体的意愿为前提，吸收并依靠多元主体共同参与。首先，政府和设计方在角色上应从决策者转变为引导者，通过座谈走访、入户调研、问卷调查等方式广泛收集村民和游客需求及意见，共同探寻公共空间中的突出问题，提出解决办法。其次，在更新过程中充分调动村民的积极性，改变以往"自上而下"的方式，让村民从被动接受转变为主动参与。对于空间的后期使用和维护也需要村民发挥主体作用，自觉、积极、主动地与政府共同维护空间的可持续发展。公共空间本身具有"共享"特质，借助多方资源和优势，吸引多元群体，实现村民与游客的交流与互动，传递乡村特色，共享公共空间设计成果。

（2）空间整合与再利用

公共空间是村民日常往来和产生凝聚力的重要空间，但受乡村自身及外界因素干扰存在明显差异，其中部分公共空间经过设计规划后利用良好，而部分公共空间发展滞后甚至出现衰败、荒废的现象，无法适应全域旅游的发展。在设计研究过程中应尊重村庄原有的肌理和形态，整合空间，挖掘乡村传统文化，让公共空间的功能更好地适应全域旅游发展需求，焕发新的生机。

对于功能逐渐弱化的公共空间，重新梳理功能的合理性和适应性，并对其进行适当删减或合并，同时增加一些顺应全域旅游发展的新功能，形成功能复合体，以满足不同人群的需求。而对于发展滞后或闲置的公共空间，根据空间区位植入新功能，激活空间。例如上坪古村复兴计划，根据旅游发展的需求，利用古村落的文化资源优势和生态资源优势，将闲置的杂物间、猪圈、牛棚、烤烟房转换为茶舍、酒吧、书吧、装置空间，修建廊亭、棚架、公共厕所、零售空间等，满足村民需求，完善服务设施，为上坪古村发展带来新的生机。

（3）充分利用现有资源

全域旅游通过对乡村中的自然资源、人文资源进行整合规划，将休闲农业、传统文化、乡村特色等结合起来，满足游客休闲娱乐、感受自然、体验乡风民俗的诉求，合理利用乡村自然资源，保护环境和生态平衡，能够创造良好的旅游环境，实现乡村的可持续发展。

乡村民风民俗、生活场景、传统建筑、传统文化是乡村在长期发展过程中的结晶，是全域旅游发展中最依赖的资源，将其融入全域旅游，不仅是对文化的传承、创新、保护，也是催生新的经济产品、形成新的经济行业、促进产业融合发展的有效途径之一。人文资源则反映了村民的生活方式和生活习惯，具有整体性、人文性、传统性的特点，是区别各乡村之间的显著标志。

（4）由点及面融合发展

全域旅游背景下乡村公共空间的发展不是一蹴而就的，而是以线串点、由点及面、循序渐进的过程。充分发挥点状空间示范和引领作用，通过线状空间的串联带动面状空间的发展。

点状空间面积较小，在乡村公共空间中占比高、分布广、使用频率高，通常处于面域内的突出位置，这类空间的功能以生活型为主，由于空间良好的可达性和开放性，可以吸引人们进入空间并进行各种交流互动，是人们闲暇时光不约而同到达的地方，不受时间的约束和限制。由房前屋后的道路交通网系统形成的线状空间能够串联这些点状空间，形成乡村整体空间的序列。线状空间不仅是乡村的骨架，还是连接点状空间和面状空间的"桥梁"。街巷、田间小路、河边……这些空间都属于线状空间，是村民日常生活中的必经之地，主要承担了交通性的活动以及短时间的随机性社交活动。通常情况下，人们在线状空间停留的时间少于在点状空间所停留的时间，良好的线状空间不但可以增进点状空间之间的联系，还能提高点状空间的可达性。

面状空间是依据村内居民的生活习惯和行为方式，承载了各种生产、生活、文化等多种类型的公共活动。它由点状空间和线状空间组合在一起，从而构成了整个空间的网络框架，是乡村居民生活习惯和公共活动的载体，一定程度上维系了乡村社会生活的秩序，传承了传统文化精神。由点及面发展公共空间能够增强空间之间的连续性和关联性，避免空间发展不平衡。

3. 和平村公共空间设计实践

1）项目概述

（1）场地区位

此设计实践选址位于重庆市成渝经济区中线的中心位置，大足区棠香街道和平村内。地处于大足区中部地区，距大足区政府2千米，区域内自然资源及人文资源丰富，北与宝顶镇相邻，西邻龙岗街道，南侧紧邻城区，距大足主城区1千米，是游览大足石刻的必经之路。和平村面积4.5平方千米，辖8个村民小组，872户、3761人，民居以带状布局分布。区域内气候属亚热带季风性气候，气候温和，雨量充沛，四季分明。

（2）发展概况

目前，大足区棠香街道已初步完成乡村人居环境改造，总体生活环境及生活条件较之前已有明显提升。但这种借助设计对乡村现状进行修补只是折中的改善，解决了乡村眼前的问题和困难。

和平村的"转型"是它在发展过程中所面临的必然过程，原有的产业模式已经不能够维持乡村的长期发展。在《重庆市大足区全域旅游发展总体规划（2017—2030）》中，提出大力构建"文化景区+国际旅游度假区+乡村旅游基地"格局，突出"续刻""宿客""原乡""农耕"等理念。全域旅游作为一种高附加值的消费产品，成为驱动和平村发展、提高村民生产生活水平的主要动力。

2）前期调研

（1）空间分析

设计实践项目为和平村内的三个院落空间，设计对象基地所处位置地形复杂，周边民居呈点状松散布局，空间使用率低。各院落之间关联不紧密，以相对独立的形式存在，邻里之间缺少联系。场地内民居都是村民自建住宅，用传统材料建成，房屋年久失修，破损严重，院落杂草丛生，周边道路不畅。根据现场调研，对各院落中的民居现状、空间功能布局、组织形式等进行梳理和分析。

①院落一

该院落位于主干道旁，交通便利。院内荒草丛生，布局混乱，原有地面铺装破损严重，大量垃圾堆砌，影响了居住环境、阻碍视野、阻挡道路。院内共五幢民居，大致呈"L"形分布，主要以砖房为主，破损程度不一。从整体空间来看，每幢民居均以相对独立的形式存在，彼此之间缺乏联系。民居空间开放性良好，能够吸引人们进入院落，但由于场地大面积闲置，人流、车流动线不合理，环境杂乱无章，致使空间宜居性差且缺乏活力，难以产生自发性和社会性活动。

②院落二

该院落位置隐蔽，交通不便，周边道路坎坷，入口汀步表面的青苔容易使人滑倒、缺乏安全性，院内地面铺装较为破旧，大部分被杂草覆盖。场地内现存四幢民居，破损严重。院内少有活动发生是由于不具备可发生活动的条件，周围民居虽多，但各院落之间被场地自然高差和植物分隔，导致院落空间封闭，缺乏吸引力，公共性弱，阻碍了邻里之间交流。院落空间只能勉强满足现有居住人群的必要性活动。

③院落三

该院落空间大而无用，位置隐蔽，可达性较差。院内建筑新旧不一，呈"U"形分布，旧房中三栋穿斗式建筑和一栋砖房无人居住，处于荒废状态。院内空间平坦宽敞、开放，有一定的容纳能力，是附近居民经常逗留的场所。和前两个院落一样，场地内无任何公共设施，难以激发丰富多样的交往活动。

（2）人群分析

①村民

三个院落目前居住人群多为中老年人，其中院落三周边多有儿童居住。在笔者走访调查过程中发现，村民的行为活动没有特定规律，随机性较大，交往频率和强度不高，活动内容较为单一。

②游客

由于和平村旅游产业处于起步阶段，村内游客较少且分散，对其开展问卷调研难度较大，因此笔者通过网络发放问卷了解游客的需求和行为活动，本次问卷共发放105份，回收105份，其中有效问卷105份，回收率100%。

首先，在统计过程中发现，选择去乡村旅游的人更加注重生活品质、服务设施等方面，期望在旅游过程中可以参与体验当地民俗文化，加深对乡村的了解。其次，通过"乡村公共空间满意度"的统计和"游客对乡村公共空间发展意见"关键词的整理，发现多数人认为由于功能弱化、使用群体单一、传统文化出现断层等现象致使乡村公共空间发展滞后。希望今后乡村公共空间发展过程中突出乡村特色，从空间的体验感和趣味性丰富空间功能，促进村民和游客之间的交流。

（3）资源分析

设计地点所在的大足区隶属于重庆市长江上游地区、重庆大都市区，是重庆"一小时经济圈"的组成部分。东距重庆市区80千米，西距成都200千米，且具备一定的区位优势，交通较为便利。以宝顶山、南北山为主体，在大足区域的西北部形成了石刻艺术人文旅游区，宝顶山和北山景区成为中国西部佛教旅游胜地。以玉龙山、龙水湖为主体，在东南部形成了生态休闲旅游度假区。除了著名的石刻文化之外，还有革命文化、五金文化、祈福文化等其他文化。此外，和平村田园肌理层次丰富，海棠花木、稻田种植集中，由于区域内海棠品种繁多，因此还有"棠城"的美誉。

大足区棠香人家目前已经初步完成了乡村人居环境改造，具备较为完善的基础设施。自然资源丰富，风景优美。所以，依托"田园综合体+农业公园+特色镇示范村"，打造"一村一品、一村一特色"的品牌基地，顺应全域旅游是和平村未来发展的必然趋势。

3）设计定位

（1）设计目标

设计对象的三个院落目前存在不同程度的损坏和大面积的闲置，对于院内居住的村民而言缺乏舒适性。空间质量不理想直接导致除了必要性活动之外，难以产生自发性或社会性活动。在设计过程中尽可能满足各类人群需求，从功能、形态、精神出发进行尝试，塑造一个富有活力、高品质、多样化、有吸引力的空间，带动邻里公共空间的活力，增加空间使用频率，促进村民与村民、游客与村民的交流。由点及面带动周边整体发展，打造"全域皆景"的改造效果。激发空间中的"突变"和"事件"发生，改变环境自身的单调性，为公共交往和活动提供极具变化和活力的场所。

（2）设计策略

①整合空间布局

院落一位于主干道旁，交通便利，考虑将其改造为接待中心。而院落二和院落三所处位置隐蔽，周围民居较多，乡村生活气息浓郁，周边景观资源丰富，所以将其改造为民宿。根据院落内民居破损程度和场地现状，对其进行改造、新建、拆除、重建等，增强空间的通达性，形成连续、多样的景观空间，激发空间的潜在可能性。

②延续与转变

由于原有院落功能性差，因此根据前期分析及场地现状，完成局部功能的置换，利用区域内现有自然、人文、产业等资源，增加活动类型，让空间中的人有事可做，有地方可走。

③梳理空间界面

和平村位于城乡缓冲带，长期受城市发展影响，导致传统民居建筑在一轮又一轮的乡村建设进程中逐渐被新建建筑所取代，民居风格多样。所以，盲目地延续和恢复场地内原有垂直界面、底界面或空间肌理对和平村公共空间的发展已然没有太大意义。

院落一作为接待中心缺乏识别性，院落一延续坡屋顶的形式，将乡土材料和现代材料结合。在设计过程中引入一种连续性、异质性、产生新形式的营造手段，强化视觉效果。

院落二和院落三则侧重于对底界面的梳理，通过景墙、景观小品等构筑物营造丰富多变的空间层次，延长人们在空间中的逗留时间。

④多方参与共建

全域旅游背景下和平村公共空间的设计实际是政府引导和管控，提供机会并搭建发展平台，企业通过平台投入资金，开发、运营和管理项目，设计师负责激活公共空间，调动各方的参与感和积极性，应用到设计运营、管理等各环节中，活化当地产业。村民通过参与建造和经营增加收入，游客则是游览体验及消费的主要群体，影响了乡村公共空间的人流。在设计师设计过程中，改变单一的"自上而下"模式，重视村民和游客的需求，进行引导性建设，试图在乡村有限的情境里创造无限可能。

4）和平村公共空间设计

（1）接待中心设计

院落一设计后作为接待中心使用，通过建筑界面的梳理，提高空间的识别度。除了满足当地居民的基本生活需求，还增加了茶坊、书坊、工坊、食坊、停车场、景观栈道等空间，以此诱发产生更多的行为活动，增添空间活力（图3-1）。

①棠乡茶坊

茶坊空间主要满足接待游客的需要，由于内部空间有限，由木制格栅划分空间。

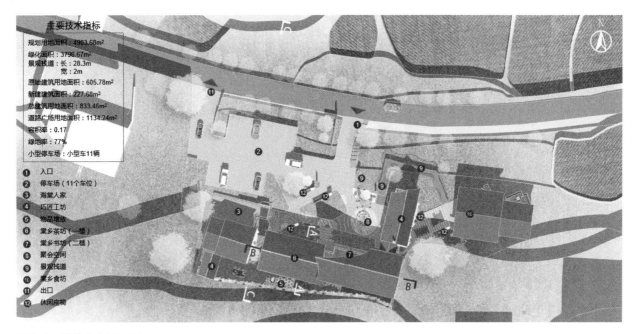

图3-1 接待中心平面图

②棠乡书坊

为减少主体在空间中走动的频率，将其设置为书坊，内部活动多以"静"为主，满足了村民和游客看书及观景需求。

③巧匠工坊

空间主要展现大足区的特色人文资源——大足石刻、军屯文化以及非物质文化遗产（大足剪纸、大足竹雕、望娘滩传说），让游客切身体验和感受当地文化。

④棠乡食坊

为游客和当地居民增加公共就餐空间的同时，还能作为村内居民日常集会、歇脚的空间。同棠乡茶坊一样，采用竹伞结构支撑屋顶，形成通透的空间，使用这种具有一定使用期限的材质主要原因如下：大足区未来将全力发展全域旅游，可利用各类平台资源定期举行更新公共空间的活动，号召设计师、游客、村民参与到乡村公共空间的营造中；赋予空间一定的可塑性，旨在营造让一万人造访一百次的乡村公共空间。

⑤海棠人家

海棠人家供当地村民使用，为半开放性公共空间，主要采用了阶梯式的景墙和竹子来围合院子。

（2）民宿设计

院落二和院落三设计后作为民宿使用，分别命名为棠乡竹院和棠乡山院。通过对底界面和垂直界面的梳理，营造丰富的空间层次，为周边村民和游客提供休闲娱乐空间，使其成为全域旅游整体功能中的重要组成部分。图3-2是棠乡竹院的总平面图，在底界面的设计中新增了廊道、凉亭、茶台等功能区，并搭配不同材质的地面铺装形成丰富的空间感受。

研究中分析了空间中的动线及行为活动，结合生态竹林的多元功能，在保留原有竹林通道划分空间的同时为周边居民提供了随机性社交空间，如在原场地基础上扩大入口面积，增加休闲座椅。设计中还注重垂直界面的设计，运用竹、石、砖、木等多种自然材料按照不同形态方式、结合村民与游客对美感的需求设计多种造型不同但乡土风格一致的垂直界面（图3-3）。通过绿植、景观小品等方式丰富空间，为活动主体提供"行、停、坐、谈、看"的空间。

棠乡山院平面图，在原有空间的基础上，重新划分了空间布局，增设了停车场、落客区、娱乐及休闲空间等，激发空间内事件发生的可能性，以此促进人与人之间的交流（图3-4～图3-7）。

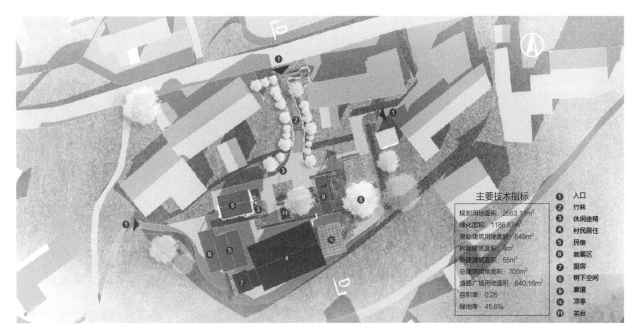

主要技术指标

| 规划用地面积: 2663.11m² |
| 绿化面积: 1186.87m² |
| 原始建筑用地面积: 649m² |
| 拆除建筑面积: 4m² |
| 新建建筑面积: 55m² |
| 总建筑用地面积: 700m² |
| 道路广场用地面积: 640.16m² |
| 容积率: 0.26 |
| 绿地率: 45.6% |

① 入口
② 竹林
③ 休闲座椅
④ 村民居住
⑤ 民宿
⑥ 就餐区
⑦ 厨房
⑧ 树下空间
⑨ 廊道
⑩ 凉亭
⑪ 茶台

图3-2　棠乡竹院平面图

图3-3　竹林通道效果图

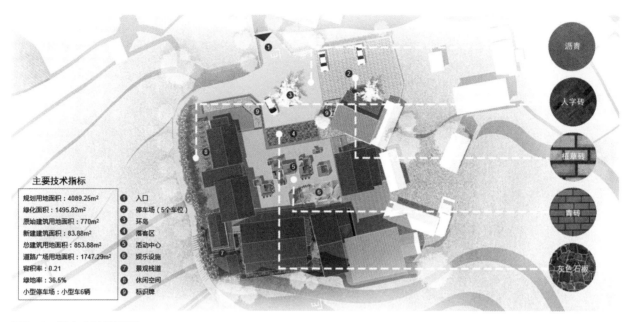

主要技术指标

规划用地面积：4089.25m²
绿化面积：1495.82m²
原始建筑用地面积：770m²
新建筑面积：83.88m²
总建筑用地面积：853.88m²
道路广场用地面积：1747.29m²
容积率：0.21
绿地率：36.5%
小型停车场：小型车6辆

❶ 入口
❷ 停车场（5个车位）
❸ 环岛
❹ 落客区
❺ 活动中心
❻ 娱乐设施
❼ 景观栈道
❽ 休闲空间
❾ 标识牌

沥青

人字砖

植草砖

青砖

灰色石板

图3-4 棠乡山院平面图

图3-5 入口效果图

图3-6 休闲空间效果图

图3-7 活动中心效果图

为满足村民和游客娱乐、聊天、休憩、学习等需求，设计了9种不同的单元模块，通过自由组合产生不同的效果，以此强化空间的体验感和趣味性（图3-8）。

图3-8　模块组合效果图

4．研究结论

乡村公共空间不仅是影响乡村人居环境改善的重要因素，也是村民日常交往活动的重要空间，与村民日常生产生活有着密切联系。因此，基于全域旅游，在大量调研和考察的基础上，客观分析了乡村公共空间的发展现状，从功能、精神、形态三个方面挖掘全域旅游背景下乡村公共空间的新需求，并提出相应的优化策略：

（1）全域旅游的发展背景下，借助各方力量，吸引多元主体，共同营造乡村公共空间，助力推进乡村人居环境改造，提升全域旅游品质。

（2）依据空间发展现状，梳理空间布局，合理整合和利用空间，丰富空间功能，引导空间中的人有事可做，增强空间活力，让乡村公共空间更好地适应全域旅游的发展。

（3）充分整合乡村周边的自然资源和人文资源，着重营造空间的艺术氛围和文化感，提升空间吸引力及辨识度，形成独特的场所精神，满足村民和游客的自身诉求，实现乡村可持续发展。

（4）从色彩、材质、形态等方面更新空间中的底界面和垂直界面，改善空间质量。由点及面地改善乡村公共空间，以增强空间的连续性和关联性。

3.2.2 案例二：苗族聚落公共空间叙事性景观营造策略研究——以秀山岩院村田家沟设计为例

张旭冉

1. 苗族聚落公共空间景观营造的叙事逻辑建构

1）苗族聚落公共空间景观营造中的叙事交流模式

（1）叙事三要素

在文学作品中，作者通过语言文字这一叙事媒介将读者与文学作品连接在一起，基本的叙事交流模式为作者—故事层、话语层—读者，即信息发送者—叙事媒介—信息接收者，信息发送者明确表达意图后，将故事层和话语层作为叙事媒介进行编码、加工，再传递给信息接收者进行解码。这种基本的交流模式可以对应至苗族聚落的公共空间景观叙事模式中，设计者即信息发送者，公共空间的序列、形态、元素等共同构成叙事媒介，体验者即信息接收者。

（2）叙事者的编码过程——设计者的场景建构

通过对设计者对空间的表述过程剖析，设计者处于相对主动的状态、体验者处于相对被动的状态，其原因在于现实中，二者大多在认知、需求、技能等方面尚且无法统一，这便使聚落公共空间景观中的叙事内容无法得到充分展现，体验过程中也较容易陷入晦涩难懂或仅能理解表层含义的局面。因此，设计者应客观地了解体验者在公共空间景观中的集体记忆和现实需求，而后从主题搭建、空间序列、场景营造和细部修饰方面进行叙事的编码。

在主题搭建上，以聚落内的苗族文化为导向，除了关注具体的人文历史、社会属性、自然环境等，还要对苗族村民及外来游客进行深度访谈，概括出有效的叙事信息，明确公共空间景观所想要表达的主题思想；在空间序列和场景营造上，应符合空间的主题脉络，把主题划分为多个情节单元，并按照一定的逻辑线索进行编排，烘托主题的同时满足不同人群的功能需求；在细部修饰上，利用适当的表达形式和修饰技巧，丰富细节，使得各个情节生动饱满，实现修辞语境的设计演绎。

整个叙事的过程并不是单向的，体验者在使用空间的过程中，应根据自身对空间的理解所创造的一系列行为赋予公共空间景观新的内涵。所以在该过程中，设计者应注意对公共空间景观的表述过程和体验者的解读过程，使设计方向更加明确，表述过程更加生动。

（3）接收者的解码过程——体验者的场景解读

要使叙事过程更加生动，设计者就要根据叙事的内容主动为体验者留下相关线索，布置迷局，体验者则需要结合自身的认知背景，根据设计者留下的线索完成叙事信息的解读，该过程是开放的、双向的，不同体验者得到的信息解码不尽相同。

从体验者的场景解读过程分析，实质上是体验者与设计者的作品发生交互，解码过程主要分成三个层面：第一个是物质层面，体验者对公共空间景观的尺度、造型、质感、色彩及光影等感官元素进行解读，对物质实体有初步的认知；第二个是精神层面，通过对组成空间情节的序列关系、场景符号等要素进行解读，体验者深度体会设计者所要表达的部分信息；第三个是自我诠释层面，即体验者在空间景观中对叙事信息的自我解读，为其赋予自身的认知和理解。一件好的景观作品往往能影响到体验者的情绪，让其理解空间场景的内在含义，进而得到情感的陶冶与升华。

2）苗族聚落公共空间叙事性景观营造总体框架

文学作品是按照核心情感、文本结构、情节单元和修辞技巧的顺序进行叙事构思的，对应至景观作品中则是按照空间景观的主题搭建、序列编排、场景营造和细部修饰的顺序进行设计，二者从营造框架、逻辑关系再到单元要素都高度契合，这便成为空间景观能借用叙事策略进行创作的前提。

（1）核心情感——空间主题的搭建

在一部结构完整的文学作品里，鲜明的主题情感是必不可少的，作品中所有的叙事支线组成类似于"故事集"的结构，都是为了强化核心的主题情感而进行编排的。例如，法国作家维克多·雨果在1862年发表的长篇小说《悲惨世界》中，涉及了芳汀、柯赛特、马里尤斯和冉·阿让等多条叙事支线，每条叙事支线都反映了人类与邪恶不懈斗争的主题，映射出法国当时的社会生活和政治状况。

苗族聚落公共空间景观的主题搭建与文学作品中的核心情感相似，大多通过空间景观的主题基调进行表达，只有明确主题，才能为整体空间营造指引方向，从而抓住灵魂。由于聚落公共空间景观相较于单独的景观规模更大，所以需要表达出较为复杂多样的叙事支线。这些叙事支线被合理地投射至不同的空间片段中，但必须统一在整体的聚落空间景观氛围与主题情感中，从而叙述出苗族聚落独有的历史演进、民俗特色等。

文本结构可以解释为文学作品中段落之间的上下关系、语句之间的链接、情节发生的顺序和关联。作品既可以按照时间的先后关系进行线性叙述，即顺叙；也可以按照某种特定的逻辑关系编排情节发生的先后顺序，如倒叙、插叙、并叙等。即便是同一个故事，不同的文本结构编排也会产生完全不同的叙事效果，对信息接收者解码方向的引导是截然不同的。例如，杰拉德·普林斯在《叙事学——叙事学的形式与功能》中阐述的案例，虽然是三个相同的事件，但由于叙事的文本结构差异，所以叙事的核心内容也各有侧重：

①约翰洗漱完，然后吃饭，最后睡下；

②约翰先吃饭，在洗漱完以后，他睡下了；

③约翰已经睡下了，那是在吃饭、洗漱完之后。

景观叙事的空间序列与文学作品的文本结构高度相似，设计者确定设计方案的主题和功能分配后，根据不同空间的形式、功能进行多样的交通流线编排，用流线组织特色空间，形成既合理又丰富的空间序列。如果在一组空间景观中加入连续的事件，并根据需要调整事件发生的顺序，不同的事件顺序和不同的流线组织都会带来独特的空间体验，这便实现了文本结构和空间序列进行类比研究的可能性。

文学作品的文本结构对应至苗族聚落公共空间景观，实际上就是空间体验路径的设计，在这个路径中，不同空间之间都具备关联性，前一个空间场景的营造是为了下一个空间能够被更好地诠释，从而引导体验者产生相应的联想并开展积极的互动，主动解读聚落公共空间景观中的内在含义。序列编排中最应关注的是怎样用适当的空间组织突出苗族聚落的主题，从而设计出具有感染力与表现力的景观场所，"聚落故事"的完美表述不仅依靠语言载体，更依靠空间序列的编排组织。

一般情况下，一个完整的文学作品叙述的不只是一个情节，通常包含多个情节，这些情节单元通过时间线索或特定逻辑组合成完整的叙事系统。对于景观设计来讲，这些情节单元是信息接收者可感触的、可体验的且具有感染力的空间场景营造。一套完整的景观系统通常是由多个独立的场景单元构成的空间序列。文学作品由情节单元构成，而景观作品由场景单元构成，二者高度相似，可以进行比较归纳。

同理，苗族聚落公共空间景观的完整构成往往包含生活性空间、生产性空间、娱乐性空间等，每个空间都是一个独立的场景单元，这些场景营造的题材来源可以由设计者亲身体验聚落内苗族村民的生活，直接采集空间情节，也可以间接引用苗族历史情节或其他情节，结合设计主题和生活体验再去营造空间场景。场景的营造还应满足两点要求：第一是要符合整个聚落景观营造的主题；第二是不同的场景之间要有一种编排的关联结构，目的是能够唤起苗族村民的集体记忆，外来游客也可以在游走空间时得到审美升华，从而获得场所感和秩序感。

（4）修辞技巧——空间细部的修饰

文学作品的情节生成是建立在合适的词汇和语句之上，合理地运用修辞技巧可以提高情节单元的表达效果，烘托核心主题，从而产生丰富的情感体验。这种情感的审美升华建立在实实在在的细部语言之上，每个细节都会对情节塑造产生些许影响。

这种文学作品的修辞技巧对应至苗族聚落公共空间景观的叙事营造中便是每个空间单元的细部修饰。空间景观的细节设计能够有效地增强审美体验，使景观的主题概念根植于体验者的感受之中。在苗族聚落中，有效的空间细部修饰应至少满足两个条件：第一是细部的修饰要有效地反映以苗族文化为首要的主题概念内涵，符合空间景观的情节题材；第二是细部的雕琢应精益求精，要将随着社会不断发展衍生而来的苗族传统文化元素进行继承和创新性应用。

3）苗族聚落公共空间叙事性景观营造的原则

（1）叙事可读性原则

相对于文学作品的"通俗易懂"，苗族聚落公共空间景观的叙事则需要体验者进行亲身体悟，故而可读性是叙事性景观与体验者连接的必要桥梁。良好的可读性可以使公共空间的功能更为丰富，即从只承担生活"发生器"的功能转变为苗族聚落故事的"自我陈述体系"，以此丰富苗族历史文脉的叙述方式。在叙事的进程中，公共空间景观将被人格化，充当"导览者"的身份，随着游览的深入，故事不断地引导体验者进行"阅读"。所以，设计者应站在体验者的角度，考虑不同民族文化之间的差异性，注重可互动的体验，将叙述的苗族故事以"开门见山"或"循循善诱"的方式呈现，以加强主客体间的交互与根植关系。

（2）情节连贯性原则

情节连贯性原则意在将苗族聚落中菜单式、碎片化的信息整合为事件单元，达到衔接聚落记忆的目的。这便要求将事件进行明确，即在含混的"事件之海"中挑选出重要的、有意义的事件作为叙述对象，以一定的秩序将这些事件进行编排，形成完整的叙事文本。该文本能够将苗族历史、苗族传说、苗族民俗习惯、苗族工艺等隐性信息进行诠释，从而能够更好地拓展景观主题的内涵与外延。

在汇编叙事文本的过程中，保证叙事情节的连贯性是基本原则，在编排聚落景观的叙事逻辑时，应将不同苗族聚落的叙事脉络梳理清晰，保证体验者在游走于空间景观的过程中不会出现信息混淆或中断，最终唤起人们对苗族文化的记忆和场所认同感。

（3）特色传承性原则

苗族聚落的起源和发展有其独特的文化生态适应价值和特有的历史境遇，这是与其他聚落得以区别的重要因素之一，公共空间景观由于具有人员流动大、交流互动频繁的特性，因此是苗族村民生活形态的主要物质空间载体、聚落的核心区域，也是聚落人文情感、集体记忆的主要承载空间。这种特有的苗族文化内涵既能丰富聚落景观的叙事内容，又能给体验者带来多样的感悟。不同地区的苗族聚落，其文化内涵都带有明显的地域场所特征，会影响叙事内容的表达，进而影响公共空间景观的功能配置和整体设计，所以应遵循特色传承原则，促进苗族聚落文化特色的良性传承。

4）叙事性人文形态化转译方法

（1）历史遗存的保护延续

该方法是一种较为直接、常用的转译方法，以尊重苗族文化内涵、保护苗族历史遗迹作为主要目的。历史遗存包括公共空间景观中的传统建筑、宗祠庙宇、碑刻造像、桥梁、古井、古树等，是记录苗族聚落发展轨迹的重要载体，挖掘与其相关历史、人物、事件的关联进行转译，便可完成直接叙事的表达。

针对保存较为完好的历史遗存，可进行总体保留和修复，直接再现于苗族聚落的公共空间景观中，贴近原始风貌；针对残损较多的历史遗存，可利用断壁残垣和旧有景观材料在原址进行形象化还原，暗示其历史场景的存在。历史遗存的保护和延续不仅可以使老旧的公共空间景观焕发新生活力、适应现代生活品质，还能强有力地叙述出苗族聚落的原有肌理，表现叙事主题，使体验者较为直接地对苗族的历史人文加以认知，有效传播苗族文化。

（2）文化符号的重构转换

该方法是将文化符号从原有的系统中提取并置换到新的系统中进行设计。苗族的人文内涵包括了多样的非物质文化，这些无形的非物质文化需要通过一定的设计方法将其转换为物质实体的形式，呈现在公共空间景观中。具体可提取历史事件、民族传说、民俗活动等内容中关键的物质要素，诸如建筑形态、图案样式、器物符号等，运用抽象、变形和组合等方式，融合新的材质和建构方式，进行公共空间景观的整体或局部造型设计。体验者对这种符号的审美信息进行解读后，会产生相关原始符号形态的联想，从而实现一套完整的人文转译机制。

在转译过程中，应注意当代审美与实用方面的考虑，对传统文化符号进行创新性的重构转换，其与原始的文化符号并不完全相仿，但是能从其他角度展现出其独具匠心的精神内核。

（3）场所意境的情景交融

场所意境的情景交融是一种深层次体现人文内涵的转译方法，注重苗族文化在精神层面的展现，使体验者对构建出的情景氛围产生认同感与归属感。在公共空间景观的规划中，为了更好地将苗族人文精神进行叙事，应沿路径、节点、地标等场所置入与苗族人文相关的主题性道具。这些道具可以是景观雕塑、灯具、指示牌或情景性图文等形式，其材质、尺度、造型、色彩等均须与历史人文相互关联。在此基础上，结合手工艺展示、节庆表演、文艺展览等多感官并举的手段激发体验者进行一系列的互动，使体验者在集体的欢乐中获得满足的个人情感体验，促使更多叙事内容的发生。

该方法是实现由简单叙事到情景交融的过程，将建构出持续不断的空间叙事机制，彰显苗族人文这一叙事核心，升华精神文化场所意境。

2．苗族聚落公共空间叙事性景观营造策略

1）苗族聚落公共空间景观主题搭建的策略研究

主题线索的归纳与评定

为满足不同背景的体验者对公共空间景观叙事的认知与解读，较为有效的方式是以一定的主题展开故事叙述，使公共空间景观的全部内容都能够统筹在主题之中，避免杂乱无章，造成体验者的阅读障碍。

在历史发展进程中，文化意涵与物质空间的关系变得复杂多元，使公共空间景观所传递的信息较为离散，与苗族相关的叙事材料也较为庞杂。若要明确公共空间景观的叙事主题：第一，应将留存于聚落中各种有形与无形的民俗文化、历史演进进行抽丝剥茧、寻根溯源式的梳理，建立叙事材料库，为碎片化的叙事信息提供能够整合的线索，将最能体现苗族特色的民俗叙事材料和历史叙事材料进行整合。其中，民俗叙事材料包含文学艺术、节庆仪典、风俗习惯等，历史叙事材料包含物质类的传统民居、古桥、古井等历史遗存，以及非物质类的历史故事、民族传说、诗词歌赋等。第二，在建立叙事材料库以后，依据"苗族聚落公共空间景观叙事主题归纳评定表"的统计情况，寻找叙事材料背后的信息关联，筛选、归纳出主题线索，进行主题搭建。

依据以上分析，主题搭建的策略可以分为"民俗罗列，突出特色类""历史演进，强调发展类""民俗

和历史的复合兼备"三大类：

①民俗罗列，突出特色类

民俗文化是苗族村民在适应当地自然环境的基础上所创造出的财富总和，除了对体验者具有强烈的视觉吸引外，对于彰显苗族文化精髓、精神面貌、价值观念以及改善苗族文化衰落现状等方面也具有重要意义。

苗族聚落往往由于规模较大，使得聚落公共空间景观的叙事主题具有一定的多元性，其叙事主题分为统领全局的总叙事主题和叙事支线下的子叙事主题。子叙事主题必须统一在总叙事主题之中，即将"苗族民俗"作为总叙事主题，而"文学艺术""节庆仪典""风俗习惯"等分别作为子叙事主题，以特定的逻辑串联在公共空间景观中，共同叙述出苗族民俗故事，如贵州丹寨万达小镇将当地苗族民俗中的节庆文化、建筑文化、祭祀文化和演艺文化作为子叙事主题，分别设计了尤公广场、苗年广场、锦鸡广场和鼓楼广场。这四个文化广场将子叙事进行串联，既能使体验者清晰地理解不同叙事支线的内涵，又能在游览结束时对苗族民俗有进一步系统的认知。

②历史演进，强调发展类

苗族聚落承载着苗族人民的故事和情感记忆，与聚落相关的历史遗存、历史故事、民族传说、诗词歌赋等都是历史演进的叙事素材。与特定苗族聚落结合的历史演进具有原生性、不可复制性和稀缺性，这也是不同于其他聚落公共空间景观营造的非物质要素。通过梳理苗族聚落的历史背景，能够对总体景观营造形成宏观的认知和规划，明晰公共空间景观的叙事主题和空间划分。例如，贵州西江千户苗寨在主街道旁留有许多苗族历史小巷，行走其中，多样的历史民居能够使游客体验该聚落的历史变迁和发展。

除了真实的历史演进，还可以将民族传说的情节、情境进行物化展示，给景观叙事的创作留有更多想象的空间，使生活在聚落中的苗族村民确实感知到聚落与人的关系，营造赋予人情味的记忆空间。

③民俗和历史的复合兼备

该类公共空间景观既突出表现苗族民俗特色，又强调苗族历史演进的原生性。

一方面，使体验者珍视苗族民俗文化的精髓、价值观念和精神面貌；另一方面，通过提醒当地村民铭记历史，强化集体记忆，在改善民族文化衰退现象等方面具有重要意义。

应当注意的是，苗族聚落公共空间景观存在的意义不仅仅是历史和民俗的罗列，还是为了从历史事件和苗族民俗中汲取精华，启迪后人，更好地体会苗族文化的魅力；用意也并不止于重塑历史景象，使体验者体验当下，而是要更多地使体验者直面未来，使历史演进得到升华。

2）苗族聚落公共空间景观序列编排的策略研究

在确定苗族聚落公共空间景观营造的主题后，需要通过一种特定的逻辑结构对主题进行充分地表述。具体到空间规划中，则是指各空间的相互联系，要通过不同的先后顺序展现相应的逻辑层次。因此，借鉴文学叙事中常用的几种文本结构对苗族聚落公共空间景观的序列进行编排与解读。

（1）顺叙——历史沿线展开

顺叙一般是以时间的发展为结构线索展开的，这种叙事方式与故事实际发生的经过一致，从起始到结局的发展顺序鲜明，具有一定的连贯性和完整性，有利于体验者更清晰地梳理事件，使叙事结构更严谨有序。例如，劳伦斯·哈普林设计的罗斯福纪念公园便是以历史发展顺序为依据，将罗斯福四个关键时期的丰功伟绩用四个不同的开敞型空间景观来展现。

在苗族聚落公共空间景观营造中，可将历史发展的沿线对应在空间中进行序列编排，每一个空间都是历史发展沿线的单元，这些单元既可以通过文字直接展现历史发展的主要内容，也可以运用景观塑景的形式陈述某个具有代表性的历史事件，通过时间和运动的变化来体验不同的行为和感受。因此，可以将该类叙事结构视为一种线性结构。但是，线性结构并不要求空间景观必须呈"一"字形直观地进行排列，依旧可以辗转变化，景观路线正如体验者求知和寻找苗族历史发展的历程，直到故事完结，整个时间和空间的体验历程就会在体验者心中留下极为难忘的记忆。

（2）倒叙——重要主题前置

倒叙是依照故事的表述需求，把某个重要的情节线索或结局提早呈现，再从故事的开端按照先后顺序进行表述。这种文本结构既可以提前彰显叙事的主旨焦点，也可以避免平铺直叙，使故事的发展曲折有致。

为了更好地突出不同苗族聚落的典型性和独特性，可将较为重要的子叙事场景提前设置于入口处，如文学艺术、节庆仪典、风俗习惯等，用以制造悬念，增强空间的吸引力。倒叙的方式还能够使体验者按照序列编排完成游览后，模糊地感知到之前游览过的叙事空间场景，回忆起入口处的故事内容，在叙事的表达上实现首尾呼应。

需要强调的是，倒叙并非将整个故事颠倒叙述，而是仅将部分关键的叙事空间场景前置，当倒叙的内容展现结束回到顺叙时应交代明晰，否则会使聚落公共空间景观的脉络不明，整体性降低。

（3）并叙——多重线索交错

并叙是将两个或多个看似不同的景观场景同时并置在同一时空中，在特征或风格上有所区别的各个场景能够形成强烈的对比，从而产生新的故事，使体验者交替感受氛围和节奏的迥异，凸显场景单元的戏剧化效应。美国的坎伯兰公园便运用了并叙的方式组织人流，使桥上与桥下的人群处于同一时空的不同分区中，尽管桥上的人群并未参与桥下的活动，但也会被下方嬉戏的人群所感染，二者形成密不可分的整体。

苗族是载歌载舞的民族，歌舞种类丰富多彩，所以在苗族聚落公共空间景观的功能布置上，歌舞活动区域是不可或缺的。在该类区域的景观序列编排上，通过并叙的方式能够有效地组织游客观赏苗族村民歌舞活动的场景，也就是二者活动线索的交织会形成一种对比，使并叙变为一种自发的行为，叙事情节在对比的过程中得以产生，体现苗族聚落的无限活力。

（4）拼贴——典型片段组合

在文学作品中，拼贴是将诸如新闻和报刊中的文摘、作品片段等其他文本组合在一起，使这些表面没有联系的片段组合为系统性的整体，从而突破传统小说一成不变的结构形式，达到比常规文本更强的戏剧张力，给读者带来强烈的震撼。著名的作家东野圭吾创作的长篇推理小说《新参者》，一改以往直接描写案件的叙述方式，大部分篇幅都在描写"仙贝店的女孩""西饼店的店员""瓷器店的媳妇"这类看似毫无关联的市井生活，但这些人和事都与案件有着直接或间接的联系。随着叙事的深化，这些片段化的线索不断叠加组合，使案件的主线逐渐显现。该作品松散的结构与严密的推理结果形成鲜明对比，拼贴的叙事方式更加深化了小说的悬疑感。

在长期的历史发展进程中，苗族在工艺美术、节庆活动、服饰、礼仪等方面形成了独特的民俗文化，仅在工艺美术方面便包含挑花、刺绣、织锦、蜡染、银饰等众多种类，要将这些纷繁的民俗文化在公共空间景观中逐一进行详尽地展现是较为困难的。因此，拼贴作为组合各类元素的景观序列编排方式，可以将展现不同民俗内容的片段式场景、元素等进行叠加组合，构成系统的整体，使苗族民俗文化这条主线变得更加鲜明，给体验者留下更多的感知与想象空间。

3）苗族聚落公共空间景观场景营造的策略研究

苗族聚落中的每个公共空间景观都是一个场景单元，场景单元的建构是为了更好地表达叙事主题，其特点是增添了与主题关联的元素、事件以及可互动体验的氛围感。要使体验者具有情感共识，则需要设计者在进行景观场景营造时将苗族聚落的内在记忆通过公共空间景观这一载体使其外化，生成空间景观的动情影像，当一系列影像浮现在体验者的脑海中时，就使景观场景自然而然地汇编成了有意义的故事情节。

（1）悬念式开始空间

开始空间是景观序列中的开篇场景，通常体现为聚落的入口空间，是引导叙事前奏和发展的基础，为后续的情节奠定基调。在文学作品中，通常会在开篇有意地制造悬念，引起体验者的好奇，使其产生期待。所以，一个好的开始空间不仅要引起体验者的注意，增加探索的欲望，也要很好地展示苗族聚落的主题特色。

在苗族聚落的入口空间设计上，可提取模糊的、残缺的聚落景象，诸如体现聚落风貌的传统民居，体现细节的吊柱、脊饰、栏杆，或者一些未知的、抽象的苗族民俗文化元素制造悬念，也可以将公共空间景观中最精华的部分提早在开始的空间中进行展示，当体验者看到若隐若现、模棱两可的开始空间时，会产生对其残缺部分和真实全貌的遐想，观赏到提早展现的叙事高潮部分，将唤起一种追寻其发展过程的探求欲，从而百般好奇、兴致盎然地走向聚落内部，探寻故事的整个发展历程。

（2）开放式结束空间

结束空间是景观序列的结尾部分，即苗族聚落的出口处，类似于文学作品的尾声，是整个聚落公共空间景观序列最终给体验者呈现的场景。很多文学作品的结尾并没有真正的结局，并未交代主人公的命运，而是由读者自己遐想，给读者留下思考的空间。

这种开放式结局的表现手法与真实生活十分贴近，相对而言更具真实性，也更具说服力。在苗族聚落公共空间景观的出口设计上，以聚落全貌或自然风光为主景是呈现开放式结束空间的有效方式，当体验者观赏聚落全貌和自然风光时，会对已观赏过的场景进行回味，并对聚落内可望而不可即的景色充满遐想，无形中加深了体验者对已知空间的留恋和未知空间的想象力，这种开阔的视野和美好的景色会使体验者意犹未尽，增加其对苗族聚落未来发展的美好憧憬。

（3）系列式进程空间

在文学作品的开头至结尾，通常会包含多个章节，每个章节又划分为若干小节或若干自然段，这些内容彼此独立又有一定的内在联系，呈系列式推动故事的进展。

在苗族聚落公共空间景观规划中，往往包含丰富的空间形式和多样的苗族特色活动项目，由此便会衍生出多样的子叙事主题空间，这些空间需要进行良好的衔接和串联，从入口至出口的所有场景营造应进行系列规划，才能保证叙事文本的层次分明和逐层递进。漫步在苗族聚落的公共空间景观中，各个空间场景都在不断变化，游览的趣味性也会更加丰富，不断给人意外的惊喜。

4）苗族聚落公共空间景观细部修饰的策略研究

（1）反复——记忆碎片的拼接强化

反复是一种根据作品表达的需求，特意使语句或词语反复重现的修辞手法，意在强化语气或语势，不仅提升语言美感，达成突出某种情感思想的意图，还能够使文章的格式整齐划一又回环起伏。由于现代电子设施的普及和青年人观念的改变，很多原有的苗族历史、传说、节日场景都被逐渐淡化，将这些记忆碎片的元素拼接强化，在公共空间景观中反复出现，不仅能够强化本土苗族居民的历史记忆，还能够使外来游客感受到多样化的视觉场景，对公共空间景观所拥有的人文历史内涵产生更直观的感触和领悟。

（2）留白——聚落风貌的虚实展现

留白是指有意不将内容表述完整，留下一定的空白，使读者发挥想象力的一种修辞手法。例如《桃花源记》中的："南阳刘子骥，高尚士也，闻之，欣然规往。未果，寻病终，后遂无问津者。"在文中并未提到该人物是如何因病去世的，后来的桃花源又是何种面貌，带给读者遐想和向往。

在苗族聚落公共空间景观塑造上，可以分为两种留白方式：第一种是在进程空间的情节留白，使体验者自由补白，进行想象；第二种是在结束空间留白，在聚落风景较为优美的位置，减少人工干预，保留聚落的原始自然环境形态，利用造型考究、带有苗族纹饰的门窗部件，构成形态各异的画框，将聚落风貌进行框景，以虚带实，营造山水吊脚楼在窗间的意境，让体验者自由地思考、想象。

（3）象征——历史场景的还原再现

"象"指具体可感知的形象，象征则需要体验者通过观察"象"，来感知事物的内在意义，在景观叙事中，设计师经常运用象征的细部修饰策略来叙述过往场景。当苗族人民节庆时，他们盛装打扮、人流如潮，通常会在特定的公共场所举办接龙舞、打秋千、对歌等节庆活动，这与苗族的生活日常和社会历史发展有着不可分割的关联。这种历史场景可以通过塑造成群的雕像，将节庆意象演变为形象具体的景观事物，使叙述的节庆故事不言自明，再现历史场景，有利于体验者欣赏公共空间的景观形式与内涵之美，在无形中传播苗族的传统文化，实现苗族文化和现代艺术的巧妙融合。

3. 岩院村田家沟公共空间叙事性景观设计实践

1）岩院村田家沟项目背景

（1）项目概述

①项目区位

岩院村是重庆市秀山县海洋乡下辖村，地处东经108°43′6″～109°18′58″、北纬28°9′43″～28°53′5″，分别与大溪乡、石堤镇、宋农镇和酉阳县的后溪镇相邻。该项目位于岩院村西侧的田家沟组，距岩院村民委员会1.9千米，距县城46.9千米。

②地理环境

田家沟聚落处在两山夹一谷的地势中。民居背山面水，布置较为集中，宅后及两旁多为环绕的竹林，聚落中央有河沟流过，河沟两侧为大片梯田，整体环境山清水秀，植被繁茂，传统民居高低错落，并拥有古井、石桥、梯田等资源。

③气候分析

该地区属于亚热带湿润季风气候，雨水丰沛，四季分明，适宜各种农作物和多种动物的繁衍生长。该地区年平均气温16℃，年平均降水量约1341毫米，其中，5月、7月较多，约200毫米。年日照时数约1214小时，7月、8月的日照时数占全年日照总时数的三分之一，属于全国日照低值区之一。

④人文历史

岩院村田家沟组是以苗族为主的少数民族聚居地，是世代居住在武陵、武溪地区的苗族的一部分。该地区历史悠久，于清代道光年间建村，至今已有200余年的历史。该地区的民居多为村民在20世纪50年代后自发搭建，保存较为完好，尤其是依山而建的木质吊脚楼，古朴典雅，文化内涵丰富。

（2）公共空间景观现状分析及存在的问题

为了对岩院村田家沟的公共空间景观现状进行详尽分析，本研究分为两部分进行调研：

第一部分，实地走访。观察公共空间景观的使用情况，进行现场测绘、拍照记录，初步归纳出现状问题。而后对不同人群进行自由交流形式的访谈，共计6人，其中包含村党支部书记1人、村民3人、游客2人，主要了解聚落规划、建筑营建、产业经济、风俗习惯、公共空间满意度等内容。

第二部分，问卷调查。对当地村民和外来游客分别发放了不同的问卷，主要内容包括公共空间景观的使用时间段、问题反馈、受访人的活动倾向、满意度、旅游开发态度等内容。本次问卷调查分为两个批次发放：第一批次的发放时间为工作日期间，发出问卷30份，回收有效问卷23份；第二批次的发放时间为节假日期间，发出问卷50份，回收有效问卷38份，由于青年人和高龄老年人较少居住在该地，所以被调查者的年龄以20～60岁居多。

通过以上两部分的调研，可将田家沟的公共空间景观现存问题归纳为以下几点：

①民族风貌缺失

田家沟四周多为土家族、汉族聚居区，在长期的发展过程中，不可避免地造成各民族文化的交融、渗透，特别是以建筑形式和耕作方式为文化交融的典型代表。另外，公共空间景观的形态和使用情况是体现地域性、民族性的重要方面，但受到现代文明冲击而出现的盲目建设现象也给田家沟的公共空间景观带来同质化问题。

②交往空间不足

田家沟聚落深居山地，在公共空间景观的规划上极其匮乏。过去，田家沟村民用来饮水、洗澡的日常生活用水基本依赖于河道、水井等，该类公共空间是村民做家务、交流互动的主要场所。如今，该地区已实现自来水直供到户，家电普及率也在大幅提升，使原有的公共交往空间弱化甚至消失。

③资源开发欠佳

现阶段，田家沟正依托独特的自然资源、人文资源推进乡村旅游建设，但经考察分析，该地区仅进行了简要的道路硬化、入户便道建设和环境卫生治理，尚未开发足够的公共旅游资源，将自然风景和人文旅游相互衬托，以达到吸引游客观光、促进经济发展的目标。

（3）成因分析及解决方式

有关田家沟公共空间景观的问题成因，可以从两方面进行归纳：第一，景观营造仅停留在物质层面，缺乏苗族文化与物质空间的内在对应关系。第二，苗族村民作为公共空间景观的使用主体，其真实需求与建设成果之间存在偏差，村民对传统空间特有的情感记忆未能在现实中得以展现。另外，当地青年向城镇流动的规模不断扩大，进而致使公共空间景观萎缩。

针对以上问题，第一，应将田家沟聚落的公共空间景观类型及功能归类为生活性公共空间、生产性公共空间和娱乐性公共空间，以切实满足苗族村民在不同类型公共空间景观中的现实需求。生活性公共空间主要承载的是该聚落村民的公共交往、交流行为，如巷道空间、风雨廊桥、房前檐下等场所；生产性公共空间则要满足生产或交易功能，较为典型的是田间和集市场所；娱乐性公共空间满足的是村民进行公共文娱活动的需求，多设置在聚落的开阔地、广场或中心区域。第二，要对田家沟聚落的布局层次和维度进行拆解，根据点、线、面三类不同层次的公共空间景观特点，将功能需求与苗族文化内涵结合，分别进行具体的叙事性营造，增强苗族村民对传统生活的记忆和游客的审美体验感。

2）岩院村田家沟项目的前期定位

（1）苗族文化与现代艺术融合

田家沟聚落是民族发展、文化融合的历史见证和延续，要用历史的、发展的和动态的视野进行公共空间叙事性景观营造，注重聚落公共空间的整体保护，并充分利用聚落内的苗族文化、地理区位优势，结合现代生活需求，采用新的构建技术和建筑材料营造公共空间景观，但应防止材料的不合理利用对聚落的原真性造成破坏，应当正确引导田家沟聚落的时代更新，延续当地的苗族传统文脉。

（2）本土村民与外来游客共享

公共空间景观作为苗族村民和外来游客的主要活动载体，是聚落的重要标志，依据两类人群的分布地点和活动频次，突出核心公共空间景观节点，适当植入农家乐、售卖集市等功能，对民族、地域文化要素加以利用，积极推动特色文化旅游的开发，寻求村民渴望致富和聚落保护之间的共鸣点。

3）岩院村田家沟公共空间叙事性景观营造策略的运用

（1）主题搭建

①主题线索的归纳

依据前文所提到的主题线索归纳与评定策略，可以将田家沟的叙事材料分为民俗叙事材料和历史叙事材料进行整理，而后建立叙事材料库，提炼出具有典型特征的叙事线索。民俗叙事材料分为文学艺术、节庆仪典和风俗习惯三种类型，历史叙事材料分为物质类和非物质类两种类型。

②主题的评定

建立田家沟的叙事材料库后，可以从中梳理出四条主要叙事线索，即苗史、苗庆、苗艺和苗技。经过综合评定，叙事文本的主题设定为"青山吊楼，苗音春涧"，以此体现聚落自然环境的生态性和苗族文化的多样性。在此基础上，依据四条叙事线索，划分出"绳厥祖武""歌舞狂欢""巧夺天工"和"目营心匠"四个子叙事主题，从"绳厥祖武"——读苗史、"歌舞狂欢"——参苗庆、"巧夺天工"——赏苗艺、"目营心匠"——观苗技四种空间体验类型，逐层揭示田家沟聚落苗族文化的魅力所在，为体验者逐步、深层次地认知苗族文化奠定了基石。

（2）序列编排

①整体布局

设计遵循现有的本土资源和用地性质，基于田家沟的项目背景和前期定位对其公共空间进行叙事性景观营造，在基本的田地不做过多改变的前提下，注重旅游业的发展，以此带动田家沟聚落的经济建设。最终，展现以"青山吊楼，苗音春涧"为主题的苗族传统聚落（图3-9）。

②流线分析

为尊重该聚落的原始风貌，将停车场设置在聚落入口处，聚落内部主要为行人的游览道路，并按照相关规定设置消防设施和无障碍通道。道路分为两级，一级道路为主干道，宽度为3.5米；二级道路为观景小路，宽度为1.5～2米。

图3-9 总平面图

③功能分析

"绳厥祖武"——读苗史：该区域主要包括石拱桥、溪岸、田家沟入口、文化陈列馆、历史长廊等公共空间，作为整个聚落的入口区域，能使体验者在游览过程中，对苗族的起源和历史发展有所领略，点明主题，唤起苗族村民的历史记忆。

"歌舞狂欢"——参苗庆：该区域主要包括田间小筑、演艺广场、铜鼓剧场等公共空间，通过前一区域的叙事铺垫和氛围烘托，此区域将营造出强烈的苗族民俗文化气息，提升人与景观的互动性，旨在叙述苗族人民节庆时欢歌载舞的喜悦场景。

"巧夺天工"——赏苗艺：该区域主要包括风雨廊桥、集市广场、布艺凉亭等公共空间，将苗族的文学艺术置入实体空间，使体验者驻足观赏、交流探讨。

"目营心匠"——观苗技：该区域主要包括观景台、山间漫步道和民俗交流区，利用公共空间中原有的、富有民族性的传统构筑物，构成该部分叙事的基础，体验者在游览的过程中能够观赏苗族技艺，加深对该聚落的整体印象（图3-10）。

吊脚楼
保护及观赏价值

山林
自然生态纽带

古树
起源发展的见证

溪流
自燃生态纽带

黄柏/老虎姜
产业空间载体

田地
产业空间载体

石拱桥
人文历史的见证

图3-10 "目营心匠"区域叙事场景

④序列分析

结合项目的前期定位、主题搭建和功能分区,将"绳厥祖武""歌舞狂欢""巧夺天工"和"目营心匠"四个子叙事主题分别置入不同区域的公共空间景观,串联起该聚落的叙事线索。

整体的序列编排遵循倒叙策略,将结尾处的"目营心匠"这一较为重要的子叙事线索前置在入口区域,具体通过景观小品进行展现,而后再按照各子叙事的先后顺序进行序列编排,以此突出"青山吊楼,苗音春涧"的核心意向。

局部的序列编排根据不同空间的需求,分别应用顺序、并序和拼贴的策略。在历史长廊的设计中,为使体验者拥有从回望过去到立足当下的空间体验,故将该聚落历史发展的沿线对应在长廊空间中进行序列编排,每一个空间场景都是历史发展沿线的不同单元。在田间小筑和演艺广场的设计中,应用并叙的策略,将观赏景色的人群与体验景观设施的人群同时并置在同一时空的不同分区中,形成强烈对比,使体验者在游览的过程中能够交替感受到不同的节奏和氛围。

在"巧夺天工"——赏苗艺区域的设计中,为使体验者更好地感受苗族艺术的多样性,拼贴作为组合各类元素的景观序列编排策略，可以有效地将苗族的蜡染、银饰、刺绣等工艺美术元素有序地进行叠加组合，使赏苗艺这一叙事线索变得更为鲜明。

（3）场景营造

①悬念式开始空间

开始空间作为叙事文本的序章，在具体设计上提取田家沟聚落内部的构筑元素进行解构处理，景观材质选取当地常见的青瓦、木材、青砖和青石板，使体验者在入口处观赏到模糊的聚落景象，从而引发其对于真实全景的联想和探索欲。由开始空间辗转至转折空间后，开阔的景观视野和聚落的真实风貌逐一映入眼帘，有利于增强空间的感染力，促使体验者产生好奇感以及进入下一空间的探索欲望。

②开放式结束空间

在田家沟结束空间的设计上，并不着意进行过多的设计，而是在山顶设置观景台，回望之前的游览路程，使体验者站在山顶俯瞰聚落内能够观赏却无法到达的地方，引发无限遐想的同时，也进一步增强了苗族村民和外来游客产生对于该聚落未来发展的美好憧憬。

③系列式进程空间

A. "绳厥祖武"——读苗史

由开始空间步入进程空间后，民族文化陈列馆（图3-11）和历史长廊都具有苗族历史文化科普的功能，以景观场景追忆历史文脉，感受田家沟的过去、现在和未来。当体验者对苗族的历史文化拥有一定认知后，再游览后续的公共空间景观，能够更加深刻地理解其民俗文化内涵。

B. "歌舞狂欢"——参苗庆

该区域旨在焕活苗族传统节庆场景，使外来游客感受节日习俗和文化魅力。在大片的田地中设置田间小筑，并分为两层：上层承担观景功能，下层放置苗族特有的八人秋千，此种设置既能供本地村民庆祝赶秋节使用，也能供外来游客进行游玩体验，在满足农业耕地生产和体验者休闲娱乐需求的同时，增强了人与景观的互动性，最大限度地保留了聚落空间格局。

演艺广场旨在营造出一个临时聚集的公共场所，用来欢庆苗族的重大节日，阶梯式的观众席与种植池相连，人与人的交流活动也会随之融入景观（图3-12）。

铜鼓剧场利用雕塑展示苗鼓文化，雕塑的细部提取苗鼓的造型和典型纹样进行解构重组，外来游客可以在此击鼓体验。

通过上述公共空间景观的营造，能够共同展现出苗族人民举办节庆活动时歌舞狂欢的景象。

图3-11 历史长廊

图3-12 演艺广场

C. "巧夺天工"——赏苗艺

风雨廊桥和集市广场共同承载着商品交易的功能，即刺绣、银饰、织锦等手工艺品的售卖，通过以商促农，繁荣聚落经济，促进该地村民和外来游客的联系。布艺凉亭将当地的竹材和苗族蜡染相结合，并将凉亭的基本功能进行拓展，实现集休息、荡秋千、观赏于一体，满足体验者不同类型的需求，以此展示苗族工艺美术的多样性。

D. "目营心匠"——观苗技

民俗交流区的场景营造提取各类典型的苗族民居要素，构成景观小品。观景台和山间漫步道将苗族传统建造技艺进行植入（图3-13），并借用地势特征，使体验者能够统览聚落内的传统民居，叙述出该聚落从无到有的建造故事。

（4）细部修饰

①反复

苗族的起源传说中提到：枫树的树心中孕育出蝴蝶，并诞生出12个吉祥蛋，孵育出远祖姜央，苗族人民信奉其先祖源自枫木，所以在历史长廊"回望历史"的场景营造中，提取该传说中所提及的枫树、树心、蝴蝶元素，使这三种元素反复出现，强化该传说的关键叙事要素。

图3-13　观景台及山间漫步道

②留白

在田家沟聚落风景较为优美的位置，并未做过多的人工干预，应用留白的细部修饰策略，将聚落风貌进行框景，以虚带实，营造山水吊脚楼在窗前的意境，使体验者在此能自由地思考与想象。

③象征

苗族接龙舞的场景人流如潮，青年人群手持青伞，组成接龙队伍，在山路上蜿蜒行进。歌舞狂欢区域将该节庆意向演变为形象具体的景观事物，再现历史场景，象征喜庆节日的繁华景象，在无形中传播着苗族深厚的历史和传统文化。

4. 结论

苗族聚落的公共空间景观是苗族人民与外来游客集聚的主要空间载体，也是聚落民族文化表达的直接途径，该空间营造的成功与否在很大程度上影响着现实聚落的发展。笔者期望以叙事学的研究为基础，通过叙事性策略传达聚落故事，唤醒苗族聚落所承载的记忆要素和深切情感，为此类聚落的公共空间景观营造和苗族文化传承提供更为全面的参考。

在对岩院村田家沟的实地走访与调研基础上，经过设计实践的验证，本研究的主要结论如下：

1）通过对苗族聚落和叙事学理论的发展进行总结梳理，结合当下聚落公共空间景观的设计问题分析，明确将叙事学理论引入苗族聚落公共空间景观营造具有重要意义。

2）对比文学作品与景观作品的叙事交流模式，可以将文学叙事的核心情感、文本结构、情节单元和修辞技巧逐一对应至苗族聚落公共空间叙事性景观营造的主题搭建、序列编排、场景营造和细部修饰中，以此构建出苗族聚落公共空间景观的叙事逻辑思维。

3）鉴于苗族聚落相对于其他聚落的特殊性，在进行叙事性营造时，应遵循叙事可读、情节连贯和特色传承三大原则，使用历史遗存的保护、文化符号的重构转换和场所意境的情景交融三种叙事性人文形态化转译方法。

（1）在历史发展进程中，文化意涵与物质空间之间的关系变得复杂多元，从而使苗族聚落的公共空间景观所传递的信息较为离散，所以应遵循"民俗罗列，突出特色""历史演进，强调发展""民俗和历史复合兼备"三种策略搭建叙事主题，借鉴文学叙事中的顺叙、倒叙、并叙和拼贴策略进行空间序列编排，从开始、进程、结束三个空间层级对叙事的场景营造策略进行细致的梳理，以更好地展现苗族故事的逻辑感、层次感。

（2）为了更好地拼接苗族村民共同的记忆碎片，还原公共空间中的历史场景，可运用反复、留白和象征的细部修饰策略进行公共空间景观营造，展现苗族聚落特有的风貌。

本章运用多学科的视角和研究方法，突破对传统聚落公共空间景观营造的表层重述，改变了以往单纯从功能、布局、形态等方面进行设计的常态，其空间表现形式不同于点式或片段式的塑景，而是以主题内容为根本，挖掘隐藏的形式词汇以及内容关联，搭建完整的场域景观，呈现节奏饱满的状态。因此，其策略的探究有利于苗族文脉的保护及活态传承，从而达到人景交融、时空对望的聚落场域效果，让体验者乐于其中，并将苗族深厚的历史文化积淀内化于心。

第 4 章

关系

乡村振兴与社会学的交融

4.1 乡村振兴与社会学的交融

关注社会结构、社会关系和社会变迁等问题，可以帮助理解乡村社会的发展状况和问题所在。在乡村振兴环境设计中，社会学理论对解决不同居民群体的需求，提高社区凝聚力和归属感，具有一定的指导意义。

4.1.1 社会变迁与乡村振兴的关系

社会学能够深入分析乡村社会结构、家庭关系、社会网络等方面的变迁，揭示这些变迁对乡村振兴的影响。通过对人口流动、家庭模式变化等因素的研究，为制定乡村振兴政策提供依据。

（1）**人口流动与乡村空心化**：随着城市化进程的加快，许多年轻人选择到城市工作和生活，导致乡村人口减少、老龄化加剧，甚至出现了一些地方的乡村空心化现象。这种人口流动的社会变迁对乡村振兴构成了挑战，也需要乡村振兴战略来应对，如鼓励引导返乡创业、改善乡村公共服务等。

（2）**家庭结构变化与乡村发展需求**：随着社会经济的发展和生活方式的改变，乡村家庭结构也在发生着变化，传统的大家庭逐渐减少，小家庭和单身家庭增加。这种家庭结构变化影响了乡村的社会关系和社区互助机制，同时也对乡村振兴的需求提出了新的挑战，如老年人养老服务需求、儿童教育服务需求等。

（3）**社会文化认同与乡村振兴发展路径**：社会文化认同是指个体对特定社会群体的认同感和归属感，是乡村振兴发展过程中的重要影响因素。保持和传承乡村的文化传统和价值观念，有助于凝聚乡村居民的共识和力量，推动乡村振兴事业的发展。

4.1.2 农村社会资源与发展

乡村振兴需要充分利用和整合农村的各种资源，包括人力资源、自然资源、社会资源等。社会学可以帮助识别和评估这些资源，并探索如何在乡村振兴中进行有效配置和利用。

（1）**人力资源培育与发展**：农村的人力资源是乡村振兴的重要支撑。通过培育农村人才、提高农村人才的技能水平、推动农村劳动力的转岗转业，可以为乡村振兴提供强大的人力资源支持。政府可以通过提供职业培训、支持创业创新等方式，激发农村人力资源的潜力。

（2）**社会组织与基层治理**：农村社会组织是农村社会资源的重要组成部分，包括村民委员会、合作社、农民专业合作社等。通过发挥社会组织在基层治理、公共服务提供、社会组织协调等方面的作用，可以增强农村社会资源的整合和发挥效应，推动乡村振兴。

（3）**文化传统与创新发展**：农村拥有丰富的传统文化表现形式和乡土文化资源，如民间艺术、乡村风情、传统节庆等。在乡村振兴中，应该注重保护和传承这些传统文化，同时也要鼓励创新发展，将传统文化与现代产业相结合，打造具有地方特色和市场竞争力的文化产品和旅游景点。

4.1.3　社区参与与治理机制设计

基于社会学理论，设计者可以建立有效的社区治理机制，增进居民的参与感和归属感。例如，可以通过社区会议、村民委员会等形式，让村民参与决策乡村振兴项目，增强他们的责任感和自主性。

（1）**建立多层次的参与机制**：设计多层次的参与机制，包括农村居民个体、村民小组、村民委员会等层次，以满足不同层次、不同需求的村民参与乡村振兴的需求。通过层层递进的机制，实现农村居民的广泛参与。

（2）**推行民主选举制度**：建立健全的民主选举制度，确保村民委员会成员的选举程序公开、公正、公平。通过民主选举，让农村居民有更多的话语权和决策权，增强他们对乡村振兴事业的认同感和责任感。

（3）**加强信息公开与透明度**：确保农村居民了解乡村振兴的政策、项目和进展情况。通过公开透明的信息，增强农村居民对乡村振兴工作的信任和支持。

（4）**设立居民代表会议**：设立居民代表会议，定期召开，让农村居民就乡村振兴的重要问题进行讨论和决策。通过居民代表会议，实现农村居民的直接参与和民主监督。

（5）**加强社区自治能力**：推动农村居民通过自治组织和自主合作的方式，共同参与乡村振兴事业。通过发挥社区自治的作用，增强农村社区的凝聚力和创造力，推动乡村振兴事业的顺利进行。

（6）**充分发挥社会组织作用**：支持和鼓励农村社会组织的发展，充分发挥它们在乡村振兴中的作用。通过社会组织的动员和资源整合，促进农村居民的自我管理、自我服务和自我发展。

4.1.4　社区网络与社交空间设计

社会学理论可以帮助设计者了解乡村社区中的社会网络结构和关系，从而设计出促进社区居民之间交流和互动的空间布局。例如，设计集市广场、休闲公园等公共空间，提供居民聚集的场所，促进信息交流和社交活动。

（1）**设计社区公共空间**：设计具有吸引力和活力的社区公共空间，如公园、广场、文化中心等，成为农村居民日常社交和活动的重要场所。这些公共空间不仅提供了休闲娱乐的场所，也为居民之间的交流和互动创造了良好的条件。

（2）**规划便捷的交通与通行设施**：确保居民可以方便到达社区公共空间，促进居民之间的交流和互动。其中包括道路、人行道、自行车道等，为居民提供安全、舒适的出行环境。

（3）**引导社区活动和社交活动**：设计多样化、有趣的社区活动和社交活动，吸引农村居民参与其中。这些活动可以是文化演出、体育比赛、手工艺品展销等，通过活动的举办，增强社区居民之间的情感交流和社会联系。

（4）**建设数字化社区平台**：为农村居民提供在线交流和信息分享的渠道，可以是社区网站、社交媒体平台、智能手机应用等，为居民提供便捷的社区服务和社交功能。

（5）**促进跨代交流与互动**：设计可以促进不同年龄层次农村居民之间的交流与互动。例如，开展青少年活动、老年人健康体检等，鼓励不同年龄段的居民共同参与，促进跨代交流和互动。

4.1.5　社会福利设施规划与建设

基于社会学理论，可以分析乡村居民的社会需求和福利诉求，从而合理规划和设计社会福利设施。例如，根据居民的健康状况和教育需求，设计医疗卫生服务站和学校教育资源，提高乡村居民的生活质量和幸福感。

（1）**医疗卫生设施规划与建设**：规划和建设医疗卫生设施，包括乡村诊所、卫生院、急救中心等，提供基本的医疗服务和卫生保健服务。特别是要关注农村偏远地区和贫困地区的医疗卫生设施建设，确保农村居民能够及时获得医疗服务和健康保障。

（2）**教育设施规划与建设**：规划和建设教育设施，包括学校、幼儿园、职业培训机构等，提供基本的教育教学和培训服务。重点关注农村教育资源的均衡发展，提高农村居民的受教育水平和素质。

（3）**文化体育设施规划与建设**：规划和建设文化体育设施，包括图书馆、文化活动中心、体育馆等，丰富农村居民的文化生活和体育活动。通过举办文艺演出、体育比赛等活动，提升农村居民的文化素养和身体健康水平。

4.1.6 社会资本的培育与利用

社会学理论可以帮助识别和发展乡村社区的社会资本，包括信任、互助、合作等社会资源。通过设计公共项目和社区活动，鼓励居民之间的合作和互助，培育社会资本，促进乡村振兴的可持续发展。

（1）**推动社区互助合作：**鼓励农村居民之间开展互助合作，共同解决生产、生活和社会问题。通过互助合作，可以发挥社区的力量和智慧，促进农村经济的发展和社会的进步。

（2）**支持社会公益活动：**支持和鼓励农村社会公益组织的发展，开展志愿服务和公益活动，为农村居民提供更好的社会服务和保障。通过公益活动，可以增强居民之间的情感联系和社会责任感。

（3）**促进社会信任建设：**建立和完善社会信任机制，加强农村居民之间的信任和合作。通过加强社会信任建设，可以降低社会交易的成本，促进资源的有效配置和共享。

（4）**利用社区媒体和网络平台：**促进农村居民之间的信息交流和互动。通过社区媒体和网络平台，可以加强社区的联系和交流，促进社会资本的积累和利用。

（5）**建设社区共享资源：**建设社区共享资源，如社区图书馆、文化活动中心、公共休闲设施等，为农村居民提供共享的社区资源和服务。通过共享资源，可以促进居民之间的互动和交流，增强社区的凝聚力和发展活力。

4.2 乡村振兴与社会学的交融项目案例研究与分析

案例：后生产主义背景下的乡村田园景观设计研究——以彭水县罗家坨传统村落田园景观设计为例

张　驰

1. 后生产主义背景下的乡村田园景观再思考

乡村一直作为人类生存与繁衍的重要空间而存在，因生产生活的需要，人类在乡村地域范围内适应自然、改造自然，逐渐形成了丰富的乡村田园景观，展现了人类农业文明所赋予的田园风光。但是，在乡村由"生产主义"向"后生产主义"的发展过程中，其结构和功能也随之发生了变化，生产不再是乡村的唯一功能，推动了乡村生产田园的多元价值利用与发展。基于后生产主义背景，本案例对乡村田园景观进行再思考，重点分析生产田园的功能性转型与价值。

1）后生产主义背景下的乡村空间转变机制

根据"功能—形态"互相适应原理，伴随着乡村的功能转变，乡村空间结构和运营的组织也必然随之转型，从而发展出"非农化""商品化""多功能化"转变的新内涵。"后生产主义"的转型发展趋势并不是乡村作为独立体的必然，也不可能仅是城市化发展带来的外部刺激所推动的，而是一系列城乡互动要素综合作用的结果。因此，乡村基于经济、政策、社会背景下的后生产主义转型在宏观和微观上分别呈现出有序和无序的特征。

鉴于乡村空间转换机制的综合性与复杂性，本节分别从城乡互动的宏观视角和空间转变的微观视角着重分析"非农化""商品化""多功能化"推动乡村空间转变的背后机制。在宏观上，着重从城乡关系入手，分析后生产主义背景下乡村的发展趋势给城乡之间带来了什么新的利益与需求关系；在微观上，研究这些城乡关系的变化会给乡村的生产、生活带来何种转变，从而促使乡村空间发生何种转型以及转变所对应的机制。

（1）"非农化"驱动乡村空间转型

乡村空间出现"非农化"的趋势是历史大势，这种非农化的趋势又拆分为经济结构非农化、土地利用非农化、村民就业非农化。这里的"非农化"指的是非传统的、粗放的农业生产方式、非农经营，乡村从单一产出转向多功能生产。

从乡村内部因素来看，改革开放极大地加速了我国的城市化进程，以青壮年为主的乡村劳动力人口也逐渐随之向城市涌动，导致中老年一代被迫成为乡村生产劳动的主体。劳动力的缺失和城市就业机会的增加使乡村农地逐渐荒废，以农耕文化为核心的乡土文化现象也在逐渐削弱。但是乡村仍然残留着"生产主义"时期的传统生活方式与文化惯性，这与乡村内部的原生活力不再完全支撑原始的农业经济模式之间的相互作用成了"非农化"机制的内在因素。

从乡村外部因素来看，近几年乡村旅游人次不断飙升的数据中可以分析出，乡村山清水秀的自然环境和悠然自得的生活节奏使城市居民长期面对的工作压力和生活压力得到缓解，当代城市人对现代性、技术主义的反叛得到了乡村田园空间的承载。传统乡村留存的乡土符号在后生产主义背景下的乡村具有消费功能，游客通过感知抽象的文化符号来满足对田园生活的憧憬。这种对乡村意境的消费需求，是"非农化"

机制的外部因素。

后生产主义乡村的"非农化"驱动其空间功能性的转变，例如由"果地"向"体验地"转变的乡村果园，在经济结构上不再以单纯的出产水果为主要收益、在土地利用上增加了观光体验的功能、村民也不再是单纯的果农，这些非农化的效应驱动乡村果园空间由单一生产性向休闲、餐饮、住宿、娱乐等功能转变。

（2）"商品化"驱动乡村空间转变

后生产主义乡村下"商品化"的作用机制，其形成主要是受到乡村要素和城市要素相互作用的驱动力。这种相互作用具体表现在：城市的高度聚集化导致个人空间被压缩与"空心村"相对应；城市环境恶化的趋势与乡村青山绿水的自然生态相对应；城市中可观的经济收入与乡村充足的农副产品相对应等。在这种城乡要素关系所形成的"商品化"作用机制的驱动下，诸如农田、民俗风情等这些体现"乡村性"的元素具有公共的消费性。

因此，后生产主义的"商品化"作用机制，促使村民进行自我身份的转换，推动村民自发地转变其私有空间的功能，以实现利益最大化。

（3）"多功能化"驱动乡村空间转型

在后生产主义的城乡观下，乡村在城乡关系中不再处于向城市单向输出物质资源的地位。在这样的背景之下，乡村空间需要具有多元化的功能。比如：在保留传统乡村生活空间日常性的同时要兼具多种外在功能；在继续向社会提供充足安全食品的同时要兼具田园景观的体验功能，传承农耕文化；在维持聚落独特地域性的同时能接受现代城市的标准化特征和消费价值观；在传承民俗文化活动的同时要逐渐转变村民的农业生产者身份，提升原住民的身份自信。

但是，所谓的功能多元化并不是无意识地叠加多样性的元素，也并不是无规划地盲目开拓乡村边界。后生产主义背景下乡村的"多功能化"，其核心内涵应当是在保持原有村落格局的基础上，向原本单一功能的空间赋予更加多元的价值，所体现的是空间功能转变的灵活性。

2）后生产主义背景下的田园景观功能转变

（1）循环利用，生态良性发展

一方面，劳动力的流失使得乡村中老年一代被迫成为务农主体，仅靠农业生产所带来的收益远远不能满足更高层次的生活需要，以至于原本用于农业生产的空间逐渐被闲置甚至荒废。另一方面，在城市工作的村民增加了收入，但由于错误的审美认知，回乡后照搬城市建设范式来改造乡村居住环境。这些无意的浪费和盲目的接纳，都不符合传统乡村所蕴含的田园生态观。

在后生产主义背景下乡村"非农化"的转型机制作用下，农业生产的中心性被消解，乡村由纯粹的农业产出向发掘多元价值转变。因此，被闲置的田园生产空间将被以多种方式重新利用。比如，可以加大经济作物的种植种类，使农田的内容和形式随着季节变化形成四季不同的景观效果，在丰富田园景观、吸引游客参观的同时使农田得到不断耕种。在持续的耕作活动中，水资源和代谢物得以循环利用，土地肥力得到改善，乡村生态环境得到良性发展。另外，在后生产主义背景下乡村"商品化"的转型机制作用下，"乡村性"由抽象的符号向商品价值转变，这就要求田园景观的设计与建设必须采用乡土的材料和建造工艺来满足城市游客的消费需求，这也是后生产主义背景下田园景观促进生态良性发展功能的体现。

（2）功能复合，发掘多元价值

在后生产主义背景下，乡村空间向"多功能化"转变，传统乡村产业结构、空间功能单一的发展困境逐渐得到摆脱，基于村民和游客两个受众群体的需求，乡村田园景观被赋予多种功能。这种功能的复合体现在空间和时间两个维度上：空间上，后生产主义背景下的田园景观弱化了对空间功能的界定，比如在农田中置入不影响农业生产的公共空间，使其成为田园中分散、小型、多样、临时的弹性空间，并且承担着当地居民休闲、活动的功能与游客体验、停留的功能；时间上，后生产主义背景下的田园景观模糊了空间的功能属性，多种功能在不同时间段可以在同一空间发生。

农业生产空间的功能复合在田园景观的多元价值上最具有代表性，田园景观在吸引城市游客观光的同时被叠加与农业生产相关的体验教育功能，相对较为简单又不失趣味性的农事劳动，让城市游客感受到劳动的艰辛和快乐，独特的乡村风土人情使内心得到满足的同时，也得到了愉悦，这也是传承和发扬农耕文化的最有效方式。

（3）空间变现，缩小城乡差距

变现是指将非现金资产换成现金，所谓"空间变现"是挪用了互联网"流量变现"的说法。在后生产主义背景下，通过对"乡村性"的"商品化"转换，本身作为非现金物质资产的乡村田园空间能够创造经济价值，增加收入。

其中，具有生产功能的田园空间最具"空间变现"价值，可以创造可观的经济收益。变现方式有两种，既可以通过生产成果的售卖直接变现，又可以通过将耕地向有田园牧歌情怀的城市居民出租的方式间接变现，如CSA模式，即社区支持农业。

（4）文化教育，创造科普空间

我国是一个统一的多民族国家，在长期的发展过程中，各民族基于自身所处的地理环境、文化背景等，在衣、食、住、行和婚、丧、嫁、娶等方面各有特色，并逐渐孕育出了丰富多彩的民俗习惯。后生产主义背景下的田园景观具有向游客展示当地民俗文化和风土人情的功能，游客的亲身体验是最有效的乡土文化传承方式。

3）后生产主义背景下的乡村田园景观价值意义

（1）重现传统农耕的历史文化价值

从全球范围来看，农业的发源地有西亚区、东亚区和中南美洲区。中国作为三大起源地之一，自古以来就是农业大国，先民们充满勤劳和智慧的农耕生产劳动创造了我国悠久的农耕文化。从外部整体环境来看，我国的农耕文化在特定的地理环境、社会文化下发展形成，其在生产设施及技术、生活方式、与自然的关系等方面都与其他国家的农业文化有所差异。从本民族的内部因素来看，首先，我国国土辽阔，不同地区的自然气候与地理环境差异巨大；其次，我国是一个多民族共处的文明综合体，不同民族之间又独自发展出了多种多样的农业生产方式和生活习惯。因此，我国的农耕文化具有独特的地域性和差异性。

在快速的城市化进程中，我国的城市建设对西方进行了大量的复制与模仿，导致了"千城一面"的同质化现象。在乡村生产性功能逐渐减弱，而后生产主义功能不断增强的发展趋势下，后生产主义背景下的乡村田园景观将发挥农耕文化的地域性、乡土性等价值，从而达到对畸形现代化进行矫正的作用。

（2）重构乡村生活的自然生态模式

从西方城乡关系发展演变的历史来看，在现代化早期，由于普遍的认知偏向使城市空间成为生活的最高追求。在现代化高度成熟之后，对现代性、技术主义的反思引发了人文主义思潮的社会转型。同时，对于城市高密度、高聚集化工作生活空间的厌恶，以及城市生态环境问题等多种因素的推动，使乡村逐渐摆脱颇受冷落的境地。人们开始关注乡村被忽视的价值、意义和功能，关心乡村的生活和生态。

就当下的现实语境而言，城乡空间距离和信息鸿沟不断缩小、良好的生态功能和独特的乡村文明等方面促成了我国的"返乡热潮"。后生产主义背景下的乡村田园景观所带来的涉农元素的消费，以及对于生态环境的重视，重构了乡村生活的自然生态模式。

（3）重建城乡互动的乡村发展路径

我国城乡发展的实践历程与西方社会大体相同，乡村一直向城市输出资源，尤其是在我国城市化进程极具加速的阶段，乡村不仅向城市提供充足的食品资源以满足城市社会的基本生活需要，还向城市输出大量的劳动力等资源。从以往的发展结果看，乡村正是在这样的单向输出中逐渐走向衰落的。

后生产主义背景下的乡村田园景观在乡村产业功能的发展定位上，不局限于农业生产本身，从乡村空间的消费性、乡村生态的消费性和乡村地域文化的消费性等方面将城乡作为一个整体统筹出发，双向思考，推动重建城乡互动的乡村发展路径。

2. 后生产主义背景下的乡村田园景观设计策略

1）后生产主义背景下的乡村田园景观受众分析

（1）村民的构成与需求分析

作为长期生活在乡村的村民，他们作为乡村的主体地位一直没有改变，也不会改变。因此，乡村田园景观的设计也必须围绕当地的原住村民展开。首先，完善基础设施建设，保障村民基础生活设施的满足，改善田园生活环境；通过对生产田园空间"变"与"不变"的研究，置入多种功能，为村民增加可持续的收入，增强当地居民的身份自信。

（2）游客的需求分析

周边的城市居民作为乡村田园景观的主要旅游群体，又可被细分为不同的类型。首先，对于城市中的学生群体而言，乡村田园景观的功能重点在于寓教于乐的文化科普和自然教育。在与乡村自然环境、生产活动的亲密接触过程中，提高了城市儿童和学生对乡村的认知，也完成了对农业知识、农耕文化的科普。其次，对于城市中的青年群体而言，乡村田园景观的功能重点在于休闲体验和乡村消费。乡村田园优美的风光和缓慢的生活节奏完全不同于城市环境，他们高强度的工作压力和生活压力在乡村田园中得以释放。最后，对于城市中的老年群体而言，乡村田园景观的功能重点在于满足其田园生活的向往以及田园养老的需求。

2）后生产主义背景下的乡村田园景观设计目标

（1）从"社会闭环"到"共享之环"

从"城—乡功能"关系来看，在乡村发展的生产主义阶段，城乡要素各司其职，有条不紊地发挥着自我的功能价值，并且呈现出互补性。但是从"城—乡互动"的关系来看，二者处于一种较弱的联系状态，从城乡道路之间的物质要素联系以及资源与市场的非物质要素联系上都可以看出这种状态。因此，传统的乡村社会基本上处于"社会闭环"。

在后生产主义背景下，乡村空间发生了转变。乡村不再只有出产粮食的单一功能，农业生产也开始与第三产业融合发展，从而被赋予了更多的意义与价值。乡村内部产生了"非农化"的就业机会，村民农业生产者的身份也发生了转变，兼服务者、表演者等身份于一身。乡村的多功能化正日益丰富其在传统意义上的内涵，在城乡连续谱系中越来越发挥着不可或缺的独特地位与价值。

基于后生产主义背景下的乡村引发的以上变化，对乡村田园景观进行规划设计，要从强化城乡互动要素入手，实现打破"社会闭环"的目标，最终形成城乡"共享之环"，实现城乡之间共同良性发展。

（2）从"生产半径"到"多圆相交"

所谓"生产半径"，是指村民生活空间到最远生产空间之间的距离。以此距离为半径、以生活居住地为圆心所形成的圈，影响着村庄的农业生产方式和效率。在生产主义背景下的乡村，农业生产是乡村的唯一功能。因此，生产半径被尽量压缩到最小。从乡村的空间格局可以看出，为了利于农耕生产劳动，建筑多以农田为核心环绕分布。而在后生产主义背景下的乡村，"生产"功能逐渐脱离核心地位，乡村进入多元化发展阶段。

在此基础之上的乡村田园景观设计，要达到推动乡村从以"生产半径"的单圆结构向以旅游、自然教育、文化体验等与传统农业"多圆相交"的结构转变目标。

（3）从"乡村生活圈"到"城乡共享圈"

所谓"乡村生活圈"，是指以村民生产生活的现实需要作为原点，以一定村庄人口规模、农田展开作为基准的时空范围。在传统乡村自给自足的发展背景下，这是适合乡村生活生产需要的自然选择结果。

然而，在后生产主义背景下，城乡各要素之间由相互独立逐渐向相互作用转变。因此，乡村田园景观的规划设计要以立足于"乡村生活圈"，以打造更大的"城乡共享圈"为目标。

3）后生产主义背景下的乡村田园景观设计原则

（1）融合产业，协作发展

以"后生产主义"对乡村功能多元化的作用机制为基础，以乡村生产田园的功能性转型为产业融合发展的载体。在保留田园生产特征的同时，融合农业观光、自然教育、休闲娱乐等非农业生产的多种功能。使第一产业融合第二、第三产业，相互协作发展，合力构建后生产主义背景下的田园共生体，实现乡村的可持续发展。

（2）延续乡野，特色发展

在现今社会经济全球化日益明显的大背景下，地域性和特色化越来越成为是否具有发展潜力的关键。在城乡关系日益紧密的内部背景下，更应该关注乡村内部独特的资源要素和地域文化特色。

后生产主义背景下的乡村田园景观设计，要充分发挥乡村地域性所形成的潜在独特价值。要延续具有乡村代表的野趣，打造充满乡村气息的特色景观环境，这是发展乡村性的重要体现。

（3）保护生态，绿色发展

乡村田园景观最明显的特征之一就是其具有生态性，在后生产主义背景下的乡村发展阶段，仍然要保持生态优先的设计原则。乡村中山、水、田、林等要素所构成的田园景观意境，是其多功能转型发展的基本前提。因此，在规划设计时要避免为了短期的利益而盲目拓展田园边界，同时提高田园景观的环境承载力，增强生产作物的多样性。

（4）传承文化，持续发展

对于乡村来说，乡土文化是会让人动情的深层次记忆，其蕴含了人与人、人与自然多方面的生存智慧。传统民居、生产生活方式、风土民俗等都是乡土文化的外在体现，后生产主义背景下的乡村田园景观设计，要基于以上地域文化特色，将文化资源融入景观空间，以达到提升田园环境气质、实现乡村可持续发展的深层次目标。

4）后生产主义背景下的乡村田园景观设计策略

（1）田园形态之不变——保护农田肌理，优化道路系统

①农田："原真性"的保留与修复

在长期的生产过程中，农田形成了自然的格局和独特的肌理，其艺术审美价值具有"原真性"。这种原真性的保留与修复，是为了延续乡村长期发展而留下的有价值的历史信息，具体体现在农田形态与肌理的原真性、农田与村落周边环境的原真性、农耕生产方式的原真性。

云阳哈尼族梯田景区的开发模式充分体现了"原真性"的保留与修复。所有的梯田都保留着原始面貌，随着地形高度的变化呈现不同的农作物景观。当地居民生产劳动场景的融入，原真性地展示了哈尼族悠久的历史人文气息。

②道路："功能性"的优化与提升

田园景观道路系统分为外部交通和内部交通，外部交通的可达性是田园景观打破"社会闭环"实现"共享之环"目标的物质条件，同时在可达性的基础上对外部交通进行生态性的补充优化，是打造"城乡共享圈"目标的基础条件。对于后生产主义背景下的田园景观而言，内部交通系统是其基础构成，通过内部交通联系各功能组团。因此，内部交通系统的组织尤为重要。

生产主义时期的乡村内部交通，都是在村民为了适应生产和生活的需要下而逐渐形成的，具有合理性与自然美，也体现了当地的乡土文化特色。在后生产主义背景下的乡村，其生产田园在原"生产"的功能中又置入了多种功能。所以，内部交通系统的规划也应该建立在原道路系统的基础之上，结合新增的功能

进行优化与提升。

这种优化与提升要保证如下三点：首先，在道路宽度上，结合节点处的功能在原有道路系统上优化；其次，比如田埂这种体现农耕传统的元素一定要保留、修复、利用，这也是可供城市居民感受体验的重要乡土元素；最后，就地取材，体现乡土特色，并且适当允许材料不具有耐久性，给村民对其更新留有机会。这样村民对此会更有参与感和认同感，可以体现田园景观的人文关怀。

（2）田园文化之小变——延续乡土内涵，转译特色文化

在后生产主义背景下，乡村的空间和功能都发生了转变，但是作为田园景观延续至今的内在核心要素，田园文化的内涵一直未变。田园文化体现在诸多方面，思想层面上，表现为悠然豁达的心境、淡泊名利的理想追求等；人与自然关系层面上，表现为尊重自然、敬畏自然的生态观；技术层面上，表现为传统的建造工艺等。

在后生产主义背景下的田园景观设计上，要在生态观念和生产技术层面延续田园文化的内涵。具体方式有：挖掘乡村的历史人文特色，结合后生产主义背景下乡村的功能转变，运用乡土材料和本土建造方式进行合理化演绎。通过将具有地域特色的生产设施、生活用具等提炼、抽象、再设计后，将地方特色建造工艺落实到田园景观空间中，使田园景观的体验感充满乡土氛围。

（3）田园生产之大变——生产空间转型，叠加多元功能

所谓田园生产之大变，是指以乡村的生产田园为背景，以农业生产活动为基础，以"后生产主义"对传统农耕的"非农化""商品化"和"多功能化"的机制转变作用于生产田园，使其在保留田园生产特征的同时，兼具非农业生产的多种功能。"大变"的实质是在设计过程中注重体验感与参与性，增添了旅游观光、自然教育、文化展示等功能，促使其生产劳作过程成为观光资源，产生经济价值。

①塑造农耕体验空间

农耕文化是数千年来，我国劳动人民在乡村这片土地上生产生活而形成的一种独特文化，它是中华文明内涵的体现。直到现在，农耕文化中的许多理念，在人们的生活和农业生产中仍具有重要的现实意义。塑造农耕体验空间有利于保护、传承传统农耕文化，在后生产主义的田园景观设计中，从体验和感知两个维度进行考虑。

在体验维度上，首先，在田园景观规划中，保留原有的农田格局，优化田间田埂，对节点处进行适当拓宽，并让村民以传统的方式继续耕种。在后生产主义背景下，耕种的目的不是为了粮食生产，而是将农业生产劳动的过程转变为一种景观资源。其次，可以通过蔬果采摘、城市菜地等农事体验的规划，为城市

居民提供深层次的体验。如常德城头山国家考古遗址公园项目，其位于湖南澧县的一个乡村，在项目建设落成之前的很长一段时间内，为避免破坏古城池遗址，周围的农田禁止耕种。由于这种错误的保护措施以及第一轮"装饰性"的建设方案，致使场地丢失了地域特色。在土人景观介入设计之后，首先恢复了遗址核心区域以外的农田，并交由当地村民继续耕种。在稻田之上设计了玻璃廊桥，既不影响水稻吸收阳光，又吸引了游客感受水稻生长的环境与过程。同时，村民的插秧、除草、收割等田间劳动都转变成了独特的景观，并且游客也有机会参与生产劳动，与当地村民深入交流。古城池遗址公园被塑造成了休闲观光、农耕体验的共生体。

在感知维度上，既可以将体现传统农耕智慧的生产设施等进行景观化展示，也可以让游客通过参与民族歌舞和风俗文化活动感受农耕文化。

②创造互动交流空间

建立城乡关系的良性发展路径，不仅要促进二者经济上的互动，更要注重城市居民与乡村村民的交流互动。通过在生产田园之中创造交流空间来促进深层次的思想交流，更有利于村民身份自信和自我认同感的提升。

如笔者的《田间的演出》方案，基于"演出"的概念，方案以木为材，构筑乡野，使杨家槽村落环境更具可居性、可游性，发展更具可持续性。村落内云木剧场的设计，利用场地内农田和公共院坝的高差关系，形成了乡野台地、小广场、舞台和稻田四个区域。舞台的形式呼应周边环境的地形，整体采用不规则的几何形式，各部分形态相互统一，根据功能又各具差异。云木剧场丰富的田园空间感受，为游客和村民良好的互动交流创造了条件。

③改造田园活动空间

以"寓教于乐"的理念融合田园生产空间的"大变"，改造田园生产空间，使其营造出更好的活动空间氛围。

桐梓县茅石镇中关村乡村儿童乐园项目位于贵州山区乡村，是为了给当地的留守儿童创造一片乐园。不止步于为孩子们创造一片开心玩耍的乐土，设计师更希望通过儿童乐园的建造过程让孩子们受到教育。因此，在材料的选择上尽量使用废弃建筑材料以及工业部件，在建造工艺的选择上，则采用当地低技术的手段使村民和儿童都可以参与建造过程。这种节约和循环利用的理念，通过建造儿童乐园的过程及之后在其间的活动，在孩子们心中留下了深刻的印象。

④营造乡土展示氛围

乡土展示氛围的营造，体现了后生产主义背景下的乡村田园景观"延续乡野，特色发展"设计原则。通过将具有地域特色的乡土材料、生产设施、生活用具等作为景观小品在田园景观中直接置入，以及对农耕文化元素的提炼、抽象、再设计后的间接融入，使田园景观的体验感充满乡土氛围。安徽宣城绩溪县尚村入口处的小帽廊，就是收集当地村民日常遮雨所使用的帽子，结合当地盛产的竹子搭建而成的。

⑤配套景观辅助设施功能

田园空间内为了满足游客的功能需求，还需要配套景观辅助设施系统，如公共厕所、服务中心、在田间体验农耕文化之后的洗手池、使游客可以更加沉浸式体验的智慧乡村系统等。这些辅助设施的设计，也同样要考虑乡土文化的地域性融入与展示。

（4）田园生活之渐变——转换村民身份，展现地域文化

作为乡村的主体，村民在长期的生活中，逐渐形成了一套充满智慧的生产生活方式以及具有艺术审美价值的手工艺技术和表演艺术。比如美食、竹编、扎染、民歌等，这些都是丰富的非物质文化遗产，体现了农耕文化的深厚底蕴。田园生活之"渐变"，是指在"后生产主义"对乡村多元价值的发掘与利用机制下，促使村民逐渐转变自己"农业劳动者"的单一身份，向"地域文化的表演者、农耕文化的传承者"过渡。

建筑师徐甜甜在松阳横坑村做的"竹林剧场"实践，在竹林内相对平坦的地块上，利用毛竹高韧性的特点，将竹子人为地下拉进行编织，形成一处有围合感的停留空间。此处成为当地举行祭祀等传统信仰活动、表演当地戏剧的空间，村民在此处活动时的身份由于竹子的围合发生了转变。

3．设计实践：从生产到后生产——罗家坨村落田园景观设计

1）项目背景

（1）村落概况

①村落区位

罗家坨苗寨位于重庆市彭水自治县鞍子镇西北部，距离镇政府驻地6千米。因寨内60户全部姓罗而得名，是重庆市目前保存最完好、规模最大的家族式村寨。

②地形特征

村落所处地区为典型的西南地区山地地形，北面山峰最高点与村落内农田最低点高度相差345米。

③村落格局

罗家坨传统村落的空间格局具有自然的随机性，这是苗族人适应自然、尊重自然的体现。罗家坨村落内的民居建筑依山就势，由山脚至山脊舒缓延展。建筑的高度最多两层，与自然的山、水、田、林在形态上相互融合，有机统一。村落内群山环抱，阡陌纵横，中间较为平坦的地块为农田。2017年之前，罗家坨村落还没有进行环境规划建设，从当时测绘图中可以看出其农田间田埂交错纵横，具有极高的地域性和艺术性。

④建筑特色

罗家坨村落位于山地丘陵地区，其民居建筑为渝东南的特色建筑类型——吊脚楼。吊脚楼利用山地坡度，底层通过立柱架空。依坡筑屋，节约用地，在功能上具有通风、防潮、饲养家畜的作用。另外，飞檐翘角也是罗家坨苗寨建筑的一大特色，村落建筑高低层次丰富，气势恢宏。

⑤人文资源

罗家坨传统村落在生产生活上均具有鲜明的特色，在表演艺术方面，源于苗族人生产生活的"鞍子苗歌"作为国家级非物质文化遗产已成为一个知名文化品牌。从这里唱出去的民歌"娇阿依"两次跻身中央电视台青歌赛决赛舞台，并多次作为重庆市的代表节目参加市外节赛活动。在服饰文化方面，穿窄袖、大领、对襟短衣，百褶裙，头上包头帕，镶绣花边，银饰衬托等。在饮食文化方面，罗家坨苗族传统饮食至今仍然保留着固有的特色，如鼎罐饭、糯糍粑、石磨豆腐、玉米粑、腊肉、红苕粉、米酒等当地特色饮食的制作，其工艺要继续传承发扬。在传统手工艺方面，如吊脚楼建筑技艺、木雕工艺、石雕技艺、草编工艺、竹编工艺、挑花刺绣工艺等。

（2）发展情况

在农业资源上，主要的粮食作物为水稻。罗家坨可耕种土地面积较少，村落内共有人口64户，可用耕地10公顷，户均0.15公顷，远远低于全国户均耕地面积。第一产业的经济效益不能满足生活需要，导致罗家坨村落的青壮年劳动力流向城市，村落人口结构逐渐呈现老龄化。

2009年，罗家坨苗寨被国家民委、财政部纳入全国少数民族特色村寨保护与发展试点项目。2014年，罗家坨苗寨被国家民委命名为"全国首批少数民族特色村寨"。随着政府对罗家坨村落的关注和以上政策的提出，罗家坨依托其自然资源、人文资源开始向旅游型村落转型。

2017年，罗家坨村落开始了改造设计，从村落规划方案及现场调研图中可以看出，村落中间被改造为荷塘观赏区，并设计建造了大量的游览栈道和观赏平台，原有的农田格局遭到破坏；在道路规划上，也没有保留原有的田埂，在材料使用上没有体现地域性；各功能空间形态的处理套用城市景观设计范本，不符合乡野气质。

（3）现状总结

首先，罗家坨是典型的重庆山地地形传统村落，村落内地形高差较大，可利用的耕地面积较少，第一产业没有发展优势，村落缺少可持续发展的内生动力。

其次，罗家坨村落苗寨文化特色鲜明，是重庆市目前保存最完好、规模最大的家族式村寨。依托村落内的自然资源、人文资源以及周边的旅游资源，将村落向乡村旅游方向发展的思路是正确的。但是从现场调研情况来看，由于设计定位不合理，功能形态处理不恰当，导致村落发展动力不足的问题仍然没有得到解决。

因此，本案例基于乡村后生产主义的理念，结合田园景观的再思考，对罗家坨村落进行重新规划设计。

2）罗家坨后生产主义田园景观的设计思路

（1）总体定位

基于"后生产主义"乡村的相关理念，以及对于田园景观的再思考，结合罗家坨村落的现实情况，以田园景观的空间转变为基本目标，最终实现以田园为载体，打破城乡对立、促进罗家坨传统农业产业的多功能化发展、活化传统文化的乡土民俗、感知并传承农耕文化的总体定位目标。

（2）设计构想

罗家坨村落在上一轮的规划设计中，已经基本完成了对传统苗寨建筑的保护工作，但是就村落整体环境而言，需要重新进行规划设计。基于前期的相关理论及案例研究，对罗家坨传统村落的田园景观进行设计。首先，在村落最原始的生产格局基础之上，从田园空间的"变"与"不变"出发，提出具体的"田园形态之小变、田园生产之大变、田园生活之渐变、田园文化之不变"转变手法，使乡村生产、生活环境景观化、商品化、多功能化。传承农耕文化、优化乡村产业结构，农田融入苗寨特色体验与活动，形成集观光、民俗体验、科普教育、苗寨文化展示、节庆活动、运动休闲于一体的苗族文化田园景观。

3）罗家坨后生产主义背景下的田园景观总体设计

（1）总平面图

农业生产不再是乡村的核心功能，这是后生产主义乡村有别于传统乡村的本质区别。因此，后生产主义背景下的田园景观主要是针对农田空间及功能的转型设计研究。在总体规划上设计了乡野儿童乐园、稻田装置、田间食堂、田间露营、田间野望、农事生产体验等功能区。

（2）"变"与"不变"的功能分区

后生产主义背景下的乡村田园景观设计，其重点是田园空间"变"与"不变"的功能转型分析，以及后续如何"变"的具体设计手法（图4-1）。

方案重点对罗家坨村落的田园生产空间的转变进行了规划设计，对农田的基本格局保证其"不变"，改变种植作物的种类，不同的搭配形成如画的美感。对农田的"变"主要表现为进行了多元功能的叠加，置入了农耕文化展示体验空间、互动交流空间、乡土展示空间、田园活动空间等。

（3）田园形态之"不变"下的道路系统

针对后生产主义背景下的乡村田园景观空间及功能的转变，对罗家坨村落的道路系统进行功能性地优化与提升（图4-2）。

以保护罗家坨传统村落格局为前提，对田间田埂进行修复利用。结合农田空间中多功能的置入，在相应的节点处以木平台的方式进行拓宽，满足人流量增多时的通行需求和对景观节点空间的过渡作用。

4）田园之"变"的具体设计

笔者不一一阐述各个节点的设计，下面重点以田园之变为主，对以下节点进行详细介绍。

（1）田园文化之小变——"图腾广场、稻田冥想装置"设计

①"图腾广场"节点

"图腾广场"的设计位于村落入口处，为了满足村落形象的视觉要求和接待游客的功能需求，广场内主

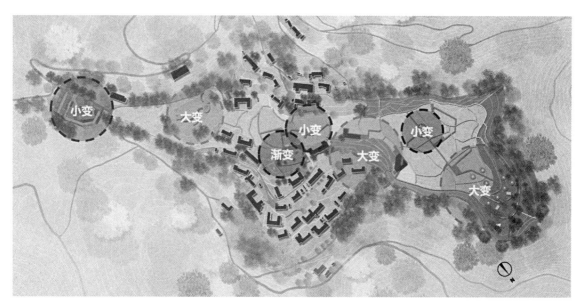

图4-1 变与不变的功能布局

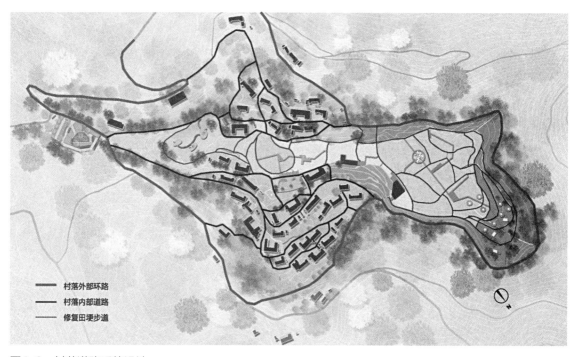

图4-2 村落道路系统设计

要布置了停车场和用于文化展示的入口标识、纹样廊架。

在具体设计上，选取苗族对于牛的图腾崇拜作为设计依据，对牛角进行放大处理，做成醒目的入口标识，地面铺装采用当地材料，在形式上选用的牛首图案进行设计；在"后生产主义"理论下，将苗族传统纹样的使用功能进行转变，运用到景观廊架的设计上。

②"稻田冥想装置"节点

"稻田冥想装置"的设计位于村落西北部的农田内，方案在延续苗族对于牛的崇拜文化之下进行小调整。提取牛角杯、牛角发髻的元素，通过抽象组合，形成新的阵列形式，并运用现代材料将其建构成三维空间。

冥想装置在稻田内被环形的田间步道贯通，环形的运用在形式上进一步加强了场所的精神性。人不仅可以远观，还可以走进装置内部感受苗族独特的文化气场。稻田冥想装置为本地村民创造了一个新的精神空间，为城市游客提供了一个放松心情、可以停下来观照自我内心的空间。

（2）田园生产之大变——"田间食堂、乡野乐园、田间野望"设计

①"田间食堂"节点

在罗家坨村落内，苗族传统的饮食文化得到了较好的传承。饮食至今仍然保留着固有的特色。"田间食堂"的设计有两个目的：其一，将田园景观和饮食文化相互结合，传承发扬当地特色的饮食文化；其二，为城市居民提供了不一样的交流空间。

"田间食堂"的设计，在形态上顺应场地内地形的高差，整体呈现流动性。开放的空间设计，为就餐时提供了良好的景观视野，使游客在品尝美食、互动交流时，既有空间围合的安全感，又能感受质朴自然的田园景观，也增强了形态的轻盈感。在材料上，"田间食堂"选用木材和当地吊脚楼建筑的小青瓦进行建造，也遵循了后生产主义背景下的乡村田园景观"保护生态，绿色发展"设计原则。

②"乡野乐园"节点

"乡野乐园"的设计，根据"田园生产之大变"中植入的不同功能，进行了不同的空间转变设计。首先，针对城市中青年放松心情的功能需求，进行了"稻香野宿"的田间露营区设计（图4-3）；针对儿童玩乐的功能需求，进行了"山野儿童乐园"的设计（图4-4）；针对发扬鞍子苗歌的功能需求，进行了"苗歌舞台"的设计（图4-5）。

③"田间野望"节点

罗家坨村落内的农耕体验空间设计，主要集中在离建筑群有一定距离的农田。在罗家坨村落后生产主义背景下的田园景观中，对于农耕体验功能的置入主要分为两个部分：

图4-3 "稻香野宿"设计效果图

图4-4 "山野儿童乐园"设计效果图

图4-5 "苗歌舞台"设计效果图

一是部分农田保持原有格局，并且延续传统的生产活动。通过田间游览步道及观光台"田间野望"的设计，将农耕生产劳动的过程作为一种景观。二是部分农田格局继续划分，形成农事体验区，城市居民的共享农田等，通过亲身参与到农耕生产的种植、收割等各个环节，更加深入地感受农耕活动。

"田间野望"的设计，其形态灵感来源于禾叶，其游览步道在材料上选用旧木料，符合乡野气质的同时又具有生态可持续性。通过木构的设计使部分游览栈道形成通透的游廊，兼具罗家坨苗寨文化的展示功能（图4-6）。

（3）田园生活之渐变——"铜鼓剧场"设计

罗家坨村落作为重庆保存最完好、规模最大的苗族村寨，其保留了一套充满智慧的生产生活方式以及具有艺术审美价值的手工艺技术和表演艺术，体现了农耕文化的深厚底蕴。"铜鼓剧场"的设计为当地的村民创造了一个展示空间，引导村民逐渐转变自己"农业劳动者"的单一身份，向"地域文化的表演者、农耕文化的传承者"过渡。

"铜鼓剧场"的设计其灵感来自于苗族的铜鼓表演。设计通过对苗族铜鼓进行抽象处理形成单元形，再进行分割、重组，最终形成丰富的空间构造体。在节点的整体设计上，顺应场地高差变化，做了主体舞台和剧场观看广场，其间点缀由铜鼓演变而来的空间构造体，满足功能需求。在与主体舞台相邻的田间，以更加夸张的构造体形态设计了田间小剧场，在丰富空间层次的同时，也为在田间劳作的村民提供了休憩空间（图4-7）。

图4-6 "田间野望"设计效果图

图4-7 "铜鼓剧场"设计效果图

4. 小结

本案例以"后生产主义"对现代农业生产的重新定义为理论依据，结合我国山地田园的生产实际情况，提出当前乡村生产田园功能性转型的可能性，并指导田园的景观化设计。通过对"后生产主义"相关理论的研究，结合当下语境进行本土转译。以"后生产主义"对传统农耕"非农化""商品化"和"多功能化"的机制转变作用于生产田园，提炼出后生产主义背景下乡村田园景观的设计方法，并将方法运用于实际项目中，以期实现乡村传统田园的转型发展，推动乡村可持续发展。

案例的研究结论可归纳为以下三点：

（1）山地乡村的发展存在困境

我国西南山地乡村发展所面临的现实问题体现在两个方面：其一，自然地理条件的限制，使其乡村难以通过农业现代化的路径实现发展；其二，如果一成不变地保守传统农耕的生产方式，不能满足更高层次的生活需求，势必难以推动乡村的振兴与发展。

（2）"后生产主义"理论促进乡村生产田园功能转型

以"后生产主义"对传统农耕的"非农化""商品化"和"多功能化"的机制转变作用于生产田园，使其在保留田园生产特征的同时，兼具非农业生产的多种功能——重现传统农耕的历史文化价值、重构乡村生活的自然生态模式、重建城乡互动的乡村发展路径。

（3）结合相关理论、实践案例的研究，提炼出后生产主义背景下的乡村田园景观具体设计策略，并运用到具体的实践案例中

本案例针对后生产主义背景下的乡村田园景观，从三个方面提出设计方法：设计构想上，提出从"社会闭环"到"共享之环"、从"生产半径"到"多圆相交"、从"乡村生活圈"到"城乡共享圈"的目标。设计原则上，提出融合产业，协作发展、保护生态，绿色发展、延续乡野，特色发展、传承文化，持续发展的要求。具体设计策略上，从田园景观空间的"变"与"不变"出发，提出"田园形态之不变、田园文化之小变、田园生产之大变、田园生活之渐变"的设计手法。

第 5 章

生态

生态学与环境设计的共生

5.1 生态学与环境设计的共生

在乡村振兴环境设计中，生态学理论对保护和恢复乡村的生态环境，促进农业生产与生态保护的有机结合具有重要的指导意义。

5.1.1 生态保护与恢复

在乡村振兴中，生态保护和恢复是首要任务之一。通过保护和恢复湿地、森林、草原等生态系统，维护生态平衡，保障生物多样性，促进生态系统的稳定和健康发展。

（1）**生态保护区规划和管理**：生态保护区规划和管理，包括湿地保护区、森林保护区、草原保护区等，保护重要的生态系统和生物多样性。通过限制开发建设和野外开采，维护生态系统的完整性和稳定性。

（2）**水土保持与防治荒漠化**：实施水土保持与防治荒漠化，包括植树造林、草地恢复、水土保持工程等，防止水土流失，减少土壤侵蚀，防治荒漠化，保护农田和生态环境。

（3）**生态修复与景观治理**：进行生态修复和景观治理，改善乡村环境质量，提升景观价值。通过绿化美化、水体治理、垃圾清理等措施，美化农村景观，提升居民生活品质。

5.1.2 农业生态化

（1）**推广有机农业**：推动农业生态化发展，采用生态农业技术和模式，减少化肥农药使用，推广有机农业和生态农业，提高农产品质量，减少对生态环境的影响，实现农业与生态环境的良性互动。

（2）**推广有机农业**：推动有机农业的发展，减少农药化肥的使用，采取有机种植、生物防治等技术措施，提高土壤质量和农产品品质，降低农产品的生产成本，保护生态环境。

（3）**实施农田生态工程**：实施农田生态工程，包括农田水利建设、植树造林、湿地修复等，保护和改善农田生态环境，增加农田的生态效益和稳定性，提高农业生产的可持续性。

（4）**推动农林复合种植**：推动农林复合种植模式，将农业生产与林业种植相结合，实现农田与林地的有机耦合，促进土壤保育和水土保持，提高农业生产的资源利用效率和生态效益。

（5）**发展生态农业园区**：建设集农业生产、生态旅游、休闲娱乐于一体的综合性农业园区，通过农业观光、农产品体验等方式，增加农民收入，推动农业与生态环境的良性互动。

（6）**推广节水灌溉技术：**采用滴灌、喷灌等节水灌溉方式，合理利用水资源，降低灌溉用水量，提高农田的水资源利用效率，减少水土流失，改善土壤环境。

5.1.3　生态旅游与休闲农业

发展生态旅游和休闲农业，充分利用乡村丰富的自然景观和文化资源，开展生态观光、田园体验等活动，促进农村经济多元化发展，增加农民收入，同时保护当地的生态环境和文化遗产。

（1）**开发乡村旅游景点：**开发具有独特自然风光和人文历史的乡村旅游景点，如山水田园、民俗村落、古村古镇等。通过打造特色景区和旅游线路，吸引游客前来观光游览，促进当地农村经济的发展。

（2）**推动休闲农业体验：**推动休闲农业体验项目，如农家乐、采摘园、农庄民宿等，让游客参与农业生产和乡村生活，体验农耕文化和田园生活，增加游客与农民的互动和交流。

（3）**举办农村文化活动：**组织丰富多彩的农村文化活动，如传统节庆、乡土戏剧、民间艺术表演等，展示农村的文化底蕴和乡土风情，吸引游客参与体验，提升农村旅游的吸引力和知名度。

（4）**建设农村旅游设施：**建设完善的农村旅游设施，包括停车场、厕所、游客中心、信息服务点等，提升游客的游览体验，改善农村旅游环境，增强游客对农村旅游的满意度和信心。

（5）**开展乡村生态体验：**开展乡村生态体验活动，如自然观察、野外探险、生态教育等，让游客近距离接触自然环境，感受乡村的生态美景和自然生态系统，增强对生态环境的保护意识。

（6）**整合乡村资源：**整合乡村的自然资源、人文资源和农业资源，发展多元化的旅游产品和服务，满足游客不同的需求和偏好，提升乡村旅游的市场竞争力和盈利能力。

5.1.4　循环经济与资源利用

推动循环经济发展，实现资源的最大化利用和循环利用。通过发展农村资源综合利用项目，如农业废弃物资源化利用、农村生活垃圾处理等，减少资源浪费和环境污染，提高资源利用效率。

（1）**农村废弃物资源化利用：**实施农村废弃物资源化利用项目，如农作物秸秆、畜禽粪便等生物质能源利用、有机肥料生产等。通过有效利用农村废弃物资源，减少污染排放，降低环境压力，促进资源循环利用。

（2）**发展农产品加工业：**提高农产品附加值，延长农产品产业链，减少农产品的损耗和浪费。通过加工农产品，可以将农村的农产品资源转化为市场产品，提高农民收入，促进农村经济的发展。

（3）**推广农村资源综合利用项目**：如农村生活垃圾处理、农村水资源综合利用等。通过综合利用农村资源，实现资源的最大化利用和循环利用，提高资源利用效率，减少资源浪费。

（4）**发展农村循环经济产业园区**：建设农村循环经济产业园区，集中布局农村资源综合利用和循环经济产业，推动农村产业结构优化升级，促进农村经济的转型升级和可持续发展。

（5）**开展农村废旧物资回收**：开展农村废旧物资回收和再利用，如废旧电子产品、废旧家具等的回收利用。通过回收利用废旧物资，减少资源浪费，节约能源，降低环境污染，推动循环经济的发展。

（6）**加强农村资源管理和监督**：建立健全的资源利用与保护制度和政策，加强资源利用的合理规划和监管，保障资源利用的可持续性和环境友好性。

5.1.5　生态城镇建设

在乡村振兴过程中，注重生态城镇建设，规划建设生态环境友好型的城镇和村庄。采用绿色建筑和生态交通等技术，改善城镇环境质量，提升居民生活品质，实现城乡一体化发展。

（1）**规划建设生态绿地**：在城镇建设规划中，充分考虑生态保护和绿地建设，规划建设公园、绿化带、湿地公园等绿地空间，增加城市绿地率，改善城镇生态环境，提升居民生活品质。

（2）**推进低碳能源利用**：推广使用清洁能源，如太阳能、风能等，降低城镇能源消耗和碳排放量，促进城镇能源结构的绿色转型，减少对环境的污染和破坏。

（3）**建设生态交通系统**：建设便捷高效的公共交通系统，包括地铁、有轨电车、公共自行车等，减少机动车辆污染和交通拥堵，提高城镇交通运输的环保性和可持续性。

（4）**推动节能环保建筑**：推动节能环保建筑设计和建设，采用节能材料、节能设备和绿色建筑技术，提高建筑能源利用效率，降低建筑能耗，减少对环境的影响。

（5）**加强水资源保护和利用**：加强城镇水资源保护和利用，建设城市水源保护区、水生态公园等水利设施，保障城镇居民的饮水安全，提升城镇水环境质量。

（6）**促进生态产业发展**：发展生态产业，如生态农业、生态旅游、生态文化产业等，实现产业与生态环境的良性互动，促进城镇经济结构的优化和转型升级。

（7）**加强环境监测与治理**：加强城镇环境监测和治理，建立健全的环境保护监管制度和政策，加大环境治理力度，保障城镇居民的生态环境安全和健康。

建立健全的生态补偿机制，激励农民参与生态环境保护和恢复工作。通过对生态服务的经济补偿，促进农民积极参与生态修复和环境治理，共同维护良好的生态环境。

（1）**明确生态服务对象**：即提供生态服务的自然资源所有者和管理者，包括农民、农村集体经济组织、农业合作社等。通过认定生态服务对象，确定其在生态环境保护和恢复中的角色和责任。

（2）**确定生态补偿标准**：根据生态服务对象提供的生态服务数量和质量，确定相应的生态补偿标准和支付标准，包括补偿金额、补偿方式、补偿周期等。通过确定生态补偿标准，激励生态服务对象积极参与生态环境保护和恢复工作。

（3）**建立生态服务评估机制**：对生态服务对象提供的生态服务进行评估和监测，确定其对生态环境的贡献程度和价值。通过生态服务评估，确保生态补偿的公平、合理和有效。

（4）**开展生态补偿项目**：包括生态修复、生态保护、生态补偿等项目，通过向生态服务对象提供经济补偿，鼓励其积极参与生态环境保护和恢复工作，共同维护和改善乡村生态环境。

（5）**加强生态补偿资金管理**：建立健全的生态补偿资金管理制度和监督机制，确保资金使用的透明、规范和有效，保障生态补偿资金的安全和合理利用。

（6）**推动政策法规的完善**：建立健全的生态补偿政策体系和法律法规，明确生态补偿的法律依据和政策措施，为生态补偿工作提供法律保障和政策支持。

5.2 生态学与环境设计的共生项目案例研究与分析

5.2.1 案例一：山地稻田生产性景观设计策略研究——以重庆市沙坪坝区三河村为例

唐嘉蔓

1. 山地稻田生产性景观的分类与要素研究

1）山地稻田生产性景观的分类

（1）基于自然环境的山地稻田生产性景观——万州太安千层梯田

我国的山地主要分布在西部地区，"山地"泛指海拔500米及以上的高地，重庆是典型的山地城市，梯田是重庆农业环境的典型代表。梯田呈阶梯状，是农民在山地上沿着等高线开垦的耕地，它具有蓄水、保土、增产等优点，体现了山地农业环境下劳动者因地制宜的农业智慧。重庆的梯田分布广泛，覆盖各大区县，如万州太安千层梯田、江津太和梯田等著名梯田，仍然保留着传统水田的形态。得天独厚的自然环境为重庆地区的水稻佳品创造了条件，即现在的重庆万州区域，由于水稻产量高、品质好而出现了兴盛的稻米行业。位于重庆万州区太安镇的千层梯田获得公众关注，其最大落差超500米，达1133层之多，有的一块田地面积就多达1000公顷，给人强烈的视觉震撼。据调查，太安梯田始于唐代，兴盛于明初，并一直沿用至今，从某种意义上来说，梯田就是农耕文化的活化石。当地政府甚至在2015年出台了相关护管理办法，要求该区域景观建设保持传统风貌，与周围的自然景观相协调。随着重庆季节和气候的变化，"千层梯田"所呈现的景观各不相同，山脚下层层梯田被美丽的水景包围，山水相依，蔚为壮观，呈现出强烈的线条感、连续性和形式感，这正是山地稻田生产性景观的魅力所在。该地的自然条件、管理政策和景观风貌是优厚条件下山地稻田生产性景观的代表，也为山地稻田生产性景观建设提供了重要参考。

（2）基于传统文化的山地稻田生产性景观——云南红河哈尼梯田

红河哈尼梯田坐落于云南南部的红河州，元阳、红河、金平、绿春四个县都被包含其中，其覆盖范围达6.67万公顷，有1300多年的历史。它被联合国粮食及农业组织选中，列为农业文化遗产保护试点项目（全球范围），并于2013年成为中国唯一申请世界文化遗产的项目，有"大地雕塑"的美称。

该梯田的形成归功于以哈尼族为主的各族人民智慧，巧妙利用了地理位置和气候，将"一山有四季，十里不同天"的景致建设成农业生态的奇观，更是民族文化的典范和自然生态巧妙结合的山地稻田生产性景观。现今，元阳风景区以旅游业为基础，以农业生产体系为依托，将其丰富多样的景观元素，如郁郁葱葱的森林植被和特色的哈尼族蘑菇屋，建设成为该地的一张名片；哈尼族人在耕种梯田的过程中，将当地的云山、雾海等美景充分利用起来，形成壮美的画面；梯田中还包含了很多传统农耕礼仪，如哈尼族的四大传统节日：矻扎扎、干通通、昂玛突、福思扎等；此外，平日的婚礼丧事、婴儿出门礼中也能找到哈尼族的梯田农耕文化，该文化贯穿于哈尼族人的一生，形成了独特的行为模式。

哈尼族人通过深厚的民族文化和优越的自然条件，创建了独具特色的山地稻田生产性景观。但是，由于作物单一，景观丰富度不高；地广人稀，农业技术水平无法得到现代科学技术的支持，因此还有很大的发展前景。本案例可以借鉴其对地域文化的重视和利用方法，构建具有地域特征或民族文化特色的农耕场景，探索山地稻田生产性景观可利用的普遍设计策略。

（3）基于研学教育的山地稻田生产性景观——重庆大足五彩稻田

重庆市大足区以石刻闻名，同时也是富饶的鱼米之乡，该地农业生产条件优良，坐拥耕地约7.13万公顷。20世纪末，大足成为重庆市唯一的生态农业示范县，并以"大足三绝"（水厢小麦、再生稻、双千田）为特色农业。随着现代农业的发展和乡村振兴的推进，大足区的农业发展充满了新的活力。以拾万镇为代表的村镇将发展重点向现代农业转移，促进多种"水稻"产业融合发展，接连成立了重庆市水稻科普教育基地和袁隆平重庆院士专家工作站等研学教育基地。

在拾万镇这块奇特的稻田上，黄色、白色、绿色、紫色等缤纷的水稻构成了风格迥异的田园景色，充满了浓厚的原乡风情。2018年起，该地还每年举行"中国农民丰收节""大足秋季采摘体验一日游"等适合全家齐上阵的趣味活动。在这里，稻田间伫立着栩栩如生的谷草雕像，稻田间时时飘来稻草稻米的香味，人们不仅可以欣赏美丽的田园风光，还可以体验农业生产，例如种植、施肥或写生、摄影等。

在生产过程中，大足五彩稻田采用高标准农田的生产方式，对于地形低洼、地势相对平坦的区域，开展机械化农业生产；对于部分不能机械化的区域，采用裁弯取直的方式或者另作景观节点。在生产道路建设上，采用了透水混凝土道路，在满足透水性的同时，将路面进行了平整与规范，方便现代化农业生产，为山地稻田生产性景观建设提供了优秀范本。

2）山地稻田生产性景观的要素研究

基于以上山地稻田生产性景观的分类研究，笔者发现山地稻田生产性景观建设的关键在于将当地自然资源、人文风俗、现代技术与道路、设施和灌溉等空间要素结合起来，才能推动山地稻田生产性景观由内而外、生生不息地发展。

（1）设施空间

设施空间是指农业基础设施所需要的空间，在适当条件下，为保证农业生产和流通而建设的具备公共服务功能的设施。农业基础设施包括两种类型：物质基础设施（又称为生产性基础设施）和社会基础设施（又称为非生产性基础设施），本案例研究的是前者，即道路、河流、桥梁、仓库等农业生产、流通所需的专业服务、维修和技术性空间。加强农业基础设施建设有利于乡村经济发展和农业农村现代化建设。改革开放以来，我国农业基础设施建设取得了良好成效，农业生产条件不断优化。但是，西部地区相对落后的农村，农业基础设施的发展还需重点改进。要想推动农村的经济发展和农业的现代化，加强农业基础设施建设是必不可少的。

从景观角度来看，农田中的建筑都是具有特色的景观作品，它们不仅能够装饰农田，还蕴藏着人文风情和观赏价值，能够窥见一个村庄的文明程度。因此，山地稻田生产性景观中的设施空间更应寻求一种生态、有效的建设方式，既能满足人们日常生活和生产，又能为动物提供安全的栖息地，还能美化乡村环境。良好的设施空间不仅可以改善农村居民的生活环境质量，还可以吸引投资，促进当地经济发展。首先，它们既是空间结构的组成部分，又是空间结构演化的驱动力；其次，各种生产要素的流动和配置也受到设施建设的影响。因此，设施空间在一定程度上对山地稻田生产性景观建设上起主导作用。

（2）道路空间

道路的发展和建设要和人们的生产生活相匹配，车多路少会减少道路的使用年限。不合理的道路规划，可能会造成不同程度的交通事故，科学的道路设计有利于提高生产效率。从景观角度看，山地稻田生产性景观中的道路具有组织交通、引导路线、布局空间、移步异景的作用，是一种人工的线性景观。道路还能够提炼为特色的文化符号来进行应用，例如杭州八卦田，作物以"八卦三十二格"的形式种植，中心区域为阴阳太极图，其面积不大，却凭借独特的道路模式形成"山—水—田"环绕的形式，加上当地农作物的合理搭配，创造出独具特色的农业生产性景观，符号化的道路构建方式，可以为山地稻田生产性景观的建设提供参考。

山地稻田生产性景观中的道路，首先包含村道，它是服务于农民出行和产品运输的主要道路，是连接乡村与外部空间的通道，其规模比乡村道路小，道路走向自由，宽度一般为3～6米。其余用于山地稻田生产的道路按功能可划分为连接稻田与其他区域的连接道、方便农业生产的生产道和基于田埂的阡陌小道等，按照山地稻田生产性景观区域的实际需求划分即可。

（3）灌溉空间

农业生产离不开水，农业灌溉更是山地稻田生产性景观的命脉，引水、排灌等农业举措需要合理的空间来承载。水稻生产对水和肥料的要求更高，例如"人冷盖被，秧冷盖水"的农谚，体现了合理灌溉对于水稻生产的重要性。具体来说，灌溉设施有沟渠工程、井灌工程等，西南山地传统的水利设施有水车和渡槽，微观层面上有厢沟和腰沟（切割土地的长边和短边水沟）。灌溉空间融入自然景观是农业景观发展的必然趋势。传统农田中的灌溉工程外观死板，结构杂乱，与周围农田景观不协调，在未来的设计中，灌溉空间应在保证使用功能的前提下逐步景观化，成为农田景观的新亮点。

从景观生态学的角度来看，水是景观中的"点"，河流是景观中的"线"。从观赏角度来看，首先，人们在观赏中会无意间注意到稻田水利工程的形式美；其次，灌溉空间和地形、植被等景观元素结合起来，产生强烈的意境美；最后，通过感受灌溉空间的文化，体会山地稻田生产性景观的人文美。从农学的角度来看，灌溉系统为农业生产提供了水分和营养物质，是微生物交换和昆虫栖息的重要保障。

山地稻田生产性景观要求灌溉空间规划应尽量结合山区和农村地形，借助由高到低的地势和光伏提灌等现代技术进行合理灌溉。相关要求规定，山地丘陵地区要注重田间用水设施建设，充分利用地表水，合理配置山坪塘、泵站等，使引流有门、分流有闸、过路有桥。因此，灌溉空间的建设宜采用雨污分流、多次处理的方式。例如，首先运用酵素发酵技术对残渣进行预处理；其次将肥水和净水通过地下和地上管道分流排放，使农作物准确吸收肥料滋养的同时起到净化水质的作用；最后通过自然渗透到低洼的河流中，重新参与农业生产，这才是真正意义上的永续农业。

（4）景观空间

山地稻田生产性景观是农业生产性景观的一种，它不仅产出物质产品，还产出文化产品，包括稻田中不同的种植技术、耕作文化、景观小品、农作物搭配等。因此，山地稻田生产性景观空间中应包括三个板块：展示种植技术和耕作文化的景观、体现当地文化与特色的景观小品、符合梯田环境的稻作搭配。

对于技术、文化的推广，适宜采用线状或面状展示空间，跟随道路、沟渠等创造借景、框景等多变的空间效果；山地稻田生产性景观的景观小品应具备山地特色，巧用阳面、阴面及坡、砍、崖等地域特征，还可结合山地稻作文化、农谚等进行设计；水稻是山地稻田生产性景观的依托，置身于连绵起伏的梯田时，常常感到视线不开阔，因此水稻的栽植密度、形式和色彩都对山地稻田生产性景观的风貌有巨大影响，应合理运用水稻种植规律，与设施空间、道路空间和灌溉空间形成互利之势。

2．山地稻田生产性景观设计策略研究

1）山地稻田生产性景观设计理念

如上文对山地稻田生产性景观概念的界定所述，本部分的研究范围主要是指以重庆为代表的西南山地稻田生产性景观。在进行充分的前期研究、理论构建和实例分析之后，提出以下设计理念以指导山地稻田生产性景观设计策略的研究。

（1）低技高效，灵活可变

通过对重庆山地农业环境现状的充分调研，笔者发现当下农业环境建设逐渐脱离农业生产，农业环境存在"脏乱差"等问题，其原因是受到技术条件、地形和生产成本的影响。所以，山地稻田生产性景观的在地建设要采取低技术、高效率，并且不受地形和成本限制。以"田头棚"为代表，虽然杂乱但根植于农业环境，为农业生产作出了巨大贡献。山地稻田生产性景观中涵盖许多这样的设施空间，都应该遵循低技高效、灵活可变的设计理念。重庆的耕地具有面积小、差异大、形态多等特点，因此决定了农业生产过程中适用小型农业器械和设施空间。2017年重庆市批准发布的《高标准农田建设规范》DB50/T 761—2017要求农田中用于农业生活广场的基础设施占地面积不得超过8%。因此，山地稻田生产性景观的设施空间数量不宜过多，体积不宜太大，建设小型组合设施空间或可移动、可拆卸的模块化设施空间最佳。低技高效、灵活可变的设计理念使山地稻田生产性景观的设施空间不仅满足了村民的生产需求，还提高了生产品质，为一个村庄节省了资源。

（2）整体协调，因地制宜

前文提到山地稻田生产性景观的道路应按照实际生产需求划分，影响道路空间的因素包括功能区布局、地形和土壤条件。从功能区布局上看，道路作为各个功能区之间运输农资、辅助农业生产的通道，需要整体考虑，协调布局；从地形上看，山地稻田横纵空间复杂，山地稻田生产性景观的道路应顺应地势铺设，才能最大限度地与自然和谐共生；从土壤条件上看，山地稻田区域不同地势的土壤含水量、密度和砂石含量不同，铺设道路时也会有一定的差异，因此需要因地制宜，选取适合铺设道路的地基或者地块。所以，山地稻田生产性景观的道路建设不是一成不变的，应该综合考虑以上条件，做到整体协调，因地制宜。

（3）新旧结合，经济适用

新旧结合，经济适用理念对山地稻田生产性景观整体具有指导作用，但主要应用于灌溉空间，包括物

质和文化两个层面。在物质层面，重庆山地稻田传统的水利设施有水车、渡槽、厢沟和腰沟等，在进行山地稻田生产性景观灌溉空间的建设时应将现有的水利设施利用起来，不是盲目全面地新建，而是适度地更新，将传统农业智慧和现代技术结合起来，以最小的成本达到使用目的。在文化层面，既不循规蹈矩也不崇洋媚外，将农耕文化中的优秀精华注入山地稻田生产性景观的设计，同时培养和形成更多有利于山地稻田生产性景观发展的地域文化景观，才能更好地彰显乡村的独特风貌、更快地传递劳动人民的精神意志，更全面地促进山地稻田生产性景观的可持续发展。

（4）地域特色，活化再生

山地稻田生产性景观的最终落脚点是建立具有山地特色的景观和文化，结合当地生产生活方式，让乡村环境活化与再生，使人们对乡村景观有更强烈的认同感。山地稻田生产性景观的建设不仅要包含对传统山地农耕文化的传承，还应突出特色的乡土梯田风貌，结合时代的设计手段，对其进行活化与再生。因此，我们既不能盲目守旧，也不能标新立异，应根据实际场地需求和稻田景观发展方向进行变革。可以将气候、地形条件、农谚诗歌、农具发展、艺术绘画等特色元素融入山地稻田生产性景观的设计，使其由内而外，生生不息。

2）山地稻田生产性景观设计策略

通过上文分析山地稻田生产性景观的元素包括设施空间、道路空间和灌溉空间，并对设计策略研究的必要性和可行性进行了系统分析，现对各空间要素分别提出"相移""相宜""相溢""相艺"的设计策略。

（1）设施空间"相移"设计策略

"相移"指"相对移动"，前文中提到，根据重庆为代表的山地稻田生产性景观服务设施空间的配置标准，山地稻田生产性景观的设施空间宜采用体积小、重量小、低技术、高效率的形式。因此，组合型设施空间或可移动、可拆卸的模块化设施空间是山地稻田生产性景观的首选。采用"相对移动"的设计策略可以满足山地稻田生产的基本需求，并且最大限度节约山区资源。

笔者通过对重庆市沙坪坝区三河村、重庆璧山国家农业科技园区、重庆大足区拾万镇长虹村"隆平五彩田园"等多个山地稻田区域和农业园区的实际调查，将农民实际劳作过程中的需求和现代农业发展的需求结合起来，总结出以下设施空间：整体移动空间和部分移动空间。

"乡村振兴"不仅是农村住房的设计，更应该为农业的设计，"田头棚"是生产环境过程中的产物，为节省成本，农民多用旧铁皮、塑料膜、竹片麻绳等材料搭建，它们成本低廉、体积小，却承载了巨大的功能：堆放农产品，暂存农田垃圾，牲畜窝棚甚至临时休息场所。于是笔者假设"田头棚"成为一个可以移动的农用空间，像房车一样承载着设备存储、粗略加工、晾晒收纳、短暂休息、田间售卖的多重功能，作为山地稻田生产性景观中的"整体移动空间"。

相对于"整体移动空间"，就有"部分移动空间"，堆肥、如厕等需要在地空间，根据山地稻田的实际情况选择一处通达性好的平坝搭设小规模的部分移动棚屋，涵盖农害处理、乡村厕所、集中育苗、酵素堆肥和民俗体验的功能，使用时展开部分模块进行拓展，固定不动的模块体积较小，不会对山地稻田生产性景观的长期风貌造成影响，建筑材料的选择也就地取材，从田野中来，到田野中去。

（2）道路空间"相宜"设计策略

"阡陌交通，鸡犬相闻"是古人向往的桃花源，那里有一望无垠的田野和交错的田埂，田埂等用于农业生产的道路就是山地稻田生产性稻田景观的点睛之笔。道路空间是山地稻田生产性景观的重要组成部分，本部分将山地稻田生产所需道路作为一个整体进行系统规划，从而形成一个集生活和生产于一体的道路网络系统。道路空间采取"相宜"的设计策略，即"与农业机械相适宜，与农民劳作相适宜"。山地稻田生产性景观是建立在现代农业基础上的，因此景观的设计要从当下农业生产的实际需要出发，考虑到重庆为代表的山地农业环境中需要普遍使用小型农机，以及传统山地稻田交通的复杂性，通过以下三种类型的道路设计诠释道路空间的"相宜"设计策略。

村道：村道是贯穿乡村的供居民出行和农业产品运输的主要道路，并以较少的数量连接乡村内部的重要节点。为便于货运车辆进入，村道宜设置为3~6米的双向车道，路面以透水沥青材质为主，人行道景观采用当地碎石、青石、透水砖和青瓦等进行艺术铺装，并以符合当地环境的农业景观小品进行装饰。

连接道：作为连接村道和生产道的重要路线，它的布局应以运输和行走便捷为原则，可采用简洁的环形或树枝形，辅以步行梯道、坡道等交通形式。连接道宽度应小于村道，宜设置为3米左右的单向车道，满足三轮车等小型农用机械的通行要求。同时，应沿田地短边铺设，使农用机械更容易进入生产空间，减少留白路造成的空间资源浪费，有水渠的区域还应结合灌溉系统系统布置，路面铺设选用透水材质，以保证田间地下的微生物流通。

阡陌道：即田埂，作为山地稻田生产性景观空间中最原始、最基础的道路类型，决定着稻田的整体风貌。从农业生产角度考虑，阡陌道宜纵横交错布置，阡即南北走向的田埂，陌即东西走向的田埂。其宽度不大于1米，并以田块大小为参照，面积在25平方米内，长度、宽度在5米内的田块只需外围阡陌；面积大于25平方米的田块，除外围阡陌外，内部间隔5米设置内部阡陌，与外围阡陌形成网状结构。路面材质根据实际土壤情况铺设土质路、碎石路或石板路。

（3）灌溉空间"相溢"设计策略

"相溢"指"相互溢出"，"相溢"设计策略中致力于将水渠、水井、水塘等基础资源结合起来建立一个完整的灌溉系统。以重庆为代表的山地稻田地区的水资源充足，但受地形的影响，出现分布不均的情况，山谷常年积水，山脊除雨季水源充足外，大部分时间是缺水状态。因此，山地稻田在冬天时会蓄水以保证土壤的湿度和防治病虫，同时，也形成了极具西南山地特色的"冬水田"景观。但是，部分由于管理不当或者气候原因蓄水失败的稻田，来年就很难获得好收成。因此，山地稻田生产性景观需要人工管理和现代技术的帮助。本部分通过"相溢"设计策略来探讨山地稻田生产性景观中的灌溉空间，包括机械灌溉和自然灌溉两种方法。

"机械灌溉"指采用现代技术辅助灌溉稻田，将光伏利用到提灌技术上，实现太阳能的可再生利用，再将池塘中的水提灌到场地四周高地的小型蓄水池中，在缺水时节再将蓄水池中的水排出，通过灌溉渠道流到田野中。通过排水孔由大到小的设计，可以保证水流先流向高处干旱稻田，再流向低处，以达到生产区域水资源的均匀和充足。这种方法不仅节约了水资源、提高了灌溉效率，还增加了山地稻田生产性景观的丰富性。

"自然灌溉"是在山地稻田原有水渠的基础上，利用事先修好的管道，采用管道的不同高差和稻田蓄水线之间的高差，形成一个天然的灌溉系统，即可将水资源进行合理分配。在地势上，山地稻田地势普遍存在高、低组合关系，地势低的区域稻田形成"涝"，地势高的稻田因得不到充足的水分而长势缓慢。先采取"外溢"的方法解决"涝"的问题，超出水位线的雨水通过出水口流到涵道中，汇入池塘；再采取"内溢"的方式，将多余的水引流到缺水的稻田中。以上方法对山地稻田生产性景观中雨季水资源的再次分配具有调节作用。

（4）景观空间"相艺"设计策略

将山地稻田生产性景观艺术化表现是十分有必要的，一方面是这种景观本身涉及生态美学的范畴，另一方面是传统稻田景观的发展和当地文化的传承等都要依托艺术化的生产性景观来表现。"相艺"设计策略是指将山地稻田生产性景观与艺术手段相结合，通过材料、形态、色彩等方面对展示种植技术和耕作文化的景观、稻作搭配、景观小品等方面进行优化的策略。

本部分内容通过艺术材料提取、艺术形态转化和艺术色彩表现三个方面来诠释"相艺"设计策略，这三种方法均可运用到山地稻田生产性景观艺术化表现中。

3．实践研究——以重庆市沙坪坝区三河村为例

1）项目概况

（1）基地定位

基地选址于重庆市沙坪坝区丰文街道三河村堰塘湾，位于东经106º17'，北纬29º38'，总面积约140011.61平方米。自然特征上，该村落位于老鸦山山谷中，四面环山；呈喀斯特地貌，土壤以水稻土为主，紫色土次之，还夹杂少量石灰石；具备优质的山地稻田、林地和池塘；气候温润，雨量充沛，四季分明，春季干旱，夏季炎热，秋季晚，冬季暖，无霜期。人文特征上，该村落紧邻城区，且紧邻教育城市，利于文化推广；现住居民约140人、46户，多老年人和外来务工者；紧邻景区"萤火谷农场""远山有窑"等，人流量相对较大，具备观光农业基础条件。

（2）区位条件

通过多次现场调研，笔者发现该地具备山地稻田生产性景观的三大典型性：

①典型的西部山地环境

该地是典型的西部山地梯田环境，以它作为定点研究符合山地稻田生产性景观的特殊性与普遍性，有利于研究策略的推广。据调查，重庆山地面积占各地貌类型的76%，该地位于重庆主城西部的低山区域，缙云山山脉，老鸦山山岭中，是我国西南地区特有的喀斯特地貌，也是重庆主城农业环境的典型代表（图5-1）。地理环境直接决定了该地具有耕地面积小、零散分布、垂直差异明显等山地农业的特点，更有"七月低田获稻，八月高田获稻"的习俗。

②典型的集约型农业

该地是在新农村建设和外来企业的冲击下，个人生产向集体生产转型的代表，以它作为研究对象，是对山地集约型农业未来发展方向的探讨。集约型农业是农业经营的一种方式，是指在土地上投入少量生产资料和劳动力，借助现代农业技术获得较高产量和经济收益的农业生产方式。随着我国高标准农田的建设和农业技术的提高，中小型规模农业的农业生产方式从粗放型转变为集约型，是农业发展的必然趋势。该地农业生产方式正处于转型期，且周围兴起多个景区，带来了大量的资金和技术条件，具备十足的典型性。

③典型的兼顾生产和观光型产业

水稻生产是具有生产和观光功能的典型农业。其一，水稻的生长周期约200天，与庭院植物相比观

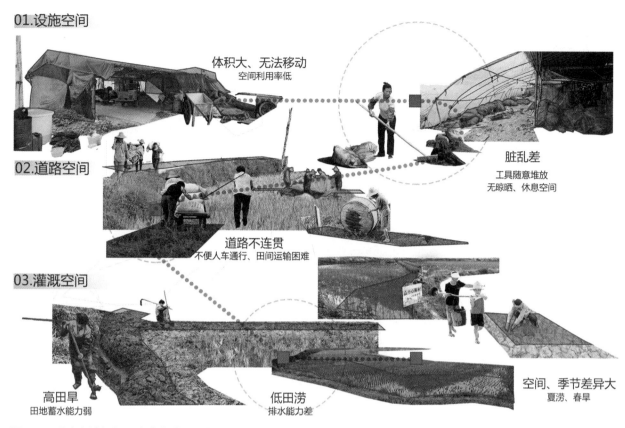

01.设施空间

体积大、无法移动
空间利用率低

脏乱差
工具随意堆放
无晾晒、休息空间

02.道路空间

道路不连贯
不便人车通行、田间运输困难

03.灌溉空间

高田旱
田地蓄水能力弱

低田涝
排水能力差

空间、季节差异大
夏涝、春旱

图5-1　重庆市沙坪坝区丰文街道三河村堰塘湾场地现状

赏期较长，其幼苗期、抽穗期、结实期等不同阶段呈现出季节分明的观赏效果。其二，管理成本低廉，与观赏性花草相比，水稻管理所需的人力、物力和财力都较低，且育苗、管理和收获等劳动过程贯穿其中，同时增加了景观的丰富性。其三，创造直接和间接的经济效益，据调查，该地稻田亩产600千克左右，已达高产田标准，若按当地地价每千克3元出售，单亩收入1800元，该地稻田面积约76亩（约5.07公顷），即总收入135800元，除去单亩成本700元，净利润83600元。以上算法还未计算生产性稻田景观建成后农业观光带来的间接经济效益，更是一笔可观的收入。其四，具有调节生态的作用，梯田蓄水在一定程度上减缓了山区的水土流失，水稻根系在生长过程中对雨水有净化作用，稻田生态系统还可以作为野生动物的栖息地。

2）设计内容

本案例将山地稻田生产性景观的生产系统、美学系统相结合，综合景观生态学、农学、生态美学等多学科知识，研究山地稻田生产性景观的空间系统设计策略。具体内容包括山地稻田生产性景观中的设施空间、道路空间和灌溉空间，并提出"相移""相宜""相溢"和"相艺"的设计策略。

（1）设施空间"相移"设计策略

①整体移动服务设施

整体移动服务设施是"相移"设计策略中的第一部分，它的存在基于水稻生产过程中对于设备存储、粗略加工、晾晒收纳、短暂休息、田间售卖的需求。设计成果由可变单体"稻屋"体现，它是"田头棚"的升级版，也是将现代农业需求和装配式建筑相结合的成果。

从设计灵感上看，"稻屋"的设计元素来源于"田头棚"、传统粮仓、折叠房车、董鸡（稻田中善于涉水行走的野生水鸟）和油纸伞；从形态上看，"稻屋"完全折叠时像一个田边伫立的董鸡，完全展开时像一把油纸伞，装满粮食时像一个简易的谷仓。从尺寸上看，"稻屋"的底板由长1米、宽1米、厚1.5毫米的板材组成，两两一对，内层内部镶嵌，外层外部镶嵌，组成内外可以自由滑动的错层结构，展开最大宽度为2米×2米，约等于一辆三轮车的尺寸，可以在村道、连接道上自由通行；单体展开不推出状态尺寸为1米×2米，可以在阡陌道上顺向通行；最大高度4米，最小高度2米。从材料上看，本案例中使用的是重庆本地木材杉木、香樟、竹等木材，源于"田头棚"就地取材的习惯，也可因实际需求采用钢架结构。从演变方式上看，"稻屋"单体有折叠、展开和闭合三种形态，两两结对时有房式、推拉式、遮蔽式、开敞式四个及更多个变体。从文化内涵上看，"稻屋"作为"田头棚"的替代品从侧面彰显着农业技术的进步，同时象征着农业环境的优化，更是地域文化的新时代产物。

多个"稻屋"单体组合起来还可延伸出农机仓库、晾晒平台、休闲集市等复合空间（图5-2）。农机仓库即利用单体"稻屋"的房式结构，将单体横向拼合，并收起伸缩部件和推拉部件，形成防风防雨的仓储空间，用于农用器械或稻谷的存储，侧边中部翻折部件可悬挂锄头等农具，下部翻折部件可脱放雨靴。晾晒平台的设计便于农民在收完稻谷后就地晾晒，将"稻屋"在田间展开并拼合起来，收缩顶棚，即可形成晾晒空间，一对"稻屋"可提供16平方米的平台，最佳组合是四对，即64平方米平台可供晾晒，晒完后集中堆放，将顶棚撑起即可存储，简便实用。休闲集市是利用"稻屋"的遮蔽式组合，排列成长廊样式，撑起遮阳棚，主要功能为休憩、乘凉以及乡村临时的集市，通风且防晒的空间构造可以有效地让风带走水分，从而起到除湿的作用，推拉结构使得单元件展开更大的面积和空间，以容纳更多的

图5-2 "稻屋"复合空间效果图

活动人群，竹席材质的遮阳棚，不仅带来斑驳的光影、通透的空间，还能使人联想到凉席，增添了几分清爽。

②部分移动服务设施

前文中提到部分移动服务设施中包含农害处理、乡村厕所、酵素堆肥和民俗体验的功能，在设计实践中，宜采用多功能组合集中的方法，形成山地稻田生产性景观中的综合服务点，本案例以"禾屋"得以体现（图5-3）。"禾屋"坐落在稻田一侧高地，其选址讲求地形平坦、视野开阔、交通便利，是因为该地涉及外来人员的交通和参观。

从形态上看，"禾屋"提取了川渝干栏式建筑的元素，采用木结构进行穿斗，俯瞰呈多个三角形南北交错组合状，平视则像"一群蹲着脚的坡屋顶"。从材料上看，"禾屋"的建造和使用采用全天然材质禾、木、土、石，充分利用水稻生产过程中产生的稻草秸秆，优质稻草可以制作草编手工艺品进行售卖；普通稻草可以制作禾香板（稻草等秸秆制作的生态板材，具有尺寸稳定、坚韧、环保、阻燃等特点）或用于夯土墙的建造；稻草残渣可以发酵制作农业酵素，成为水稻的养料、防治病虫害或改良土壤等，从而减少农药化肥的使用，实现全生态可持续的生产过程。从功能上看，该区域具备多种功能空间，包括蓄水池、草编坊、酵素池和卫生间等，除了卫生间不能收折以外，蓄水池和酵素池的顶棚及墙体可以收折，草编坊可

图5-3 "禾屋"研究内容

以全部收折起来；从作用上看，"禾屋"不仅为水稻生产提供了技术条件，还为农民生活提供了便利，为稻田带来了更多的经济效益。

（2）道路空间"相宜"设计策略

①宜机通道

依据前文"相宜"设计策略 中提出的"与农业机械相适宜，与农民劳作相适宜"策略，村道、连接道作为"宜机"的具体体现。宜机通道指适宜山地稻田生产所需的中小型农用器械通行的道路。常用农用器械包括收割机、铡草机、粉碎机、插秧机、播种机、小型货运车等，规格参考一般小型车辆通行标准，即通行宽度为3～6米。

本项目中村道路宽度为6米，采取双向单车道的规格以适用于稻米车辆运输的一般环境，满足双向正常会车要求，村道在本案例中仅1条，沿稻田外围环绕，呈口袋状，路面材料选用透水沥青，防滑且具有透气性。连接道不属于正规公路系统，因此是根据实际生产需求设立的。在此案例中，连接道宽3米，用防腐木铺设，以建立稻田周围相对平整的生产环境（图5-4）。

图5-4 连接道效果图

②宜农通道

宜农通道指结合地形和田埂设计出适宜农民劳作的阡陌小道。该道路也无特定标准，根据水稻生产的实际需求设立。参照前文对生产道、阡陌小道的设计策略，涉及田间生产的实际需求，因此宜农通道根据可移动设施"稻屋"的尺寸制定。单体"稻屋"展开的最大宽度是2米，最小宽度是1米，为了供"稻屋"和三轮车等小型交通工具通行，阡陌道宽度1米，供"稻屋"和行人通行，满足基本生产需求，道路材质为素土和石板。宜农通道与"田"关系密切，田埂是田块之间微量元素交流的桥梁，所以一定要保证路面的透水性，但是田埂泥泞，不便于行人和小型农业机械通行，遂在表面垫石板，以方便通行。

（3）灌溉空间"相溢"设计策略

①机械灌溉

前文提到"相溢"致力于将水渠、水井、水塘等基础资源结合起来建立一个完整的灌溉系统，本案例中的具体策略则是将机械灌溉和自然灌溉相结合起来。

机械灌溉指采用现代技术辅助灌溉稻田，将太阳能运用到农业生产过程中，重庆的夏天以"活火炉"著称，太阳能灯、热水器、发电机等运用广泛，光伏提灌技术也早已投入农业生产，足以运用到山地稻田生产性景观中。首先，结合场地现状，在四周高地较缺水的农田周围建立小型蓄水池和提灌站；其次，在雨季将池塘、水井中的水资源通过光伏提灌技术抽到蓄水池中，在缺水时节再将蓄水池中的水通过水渠排出，流入田野，这一策略解决了灌溉用水季节分配不均的问题。

提灌站的修建与传统的提水工具水车结合，不仅可以用于农业生产过程，还可以作为一种研学教育的形式（图5-5）。因为提灌站散布于田野各处，通达性较好，所以提灌站兼具回收农害（农膜、农药）的功能，我国多地现已开启农害回收制度，有助于农业环境的生态可持续使用。

②自然灌溉

自然灌溉主要依靠水渠存在，该场地地形四周高、中心低，所以地势低的稻田水分过多，而四周稻田由于缺水而长势缓慢。在水稻生产前，根据场地地形由低处向高处修筑一条特殊的输水渠道。水渠分两层，下层为半开放涵道，上层为全开放多孔水渠。

通过互通水渠"涝"的问题，超出蓄水线的雨水通过出水口流向涵道，流向缺水的稻田或者汇入池塘，此为"外溢"。上部管道排水孔从高处向低处由大到小分布，可以保证水流先流向高处干旱的稻田，多余的再流向低处，这一策略解决了灌溉用水空间分配不均的问题。

图5-5 提灌站示意图

自然灌溉或机械灌溉单独一部分存在都不利于稻田生产性景观的构建，只有两者相结合，构成完整的灌溉系统，才能达到"相溢"设计策略的最佳效果。

（4）景观空间"相艺"设计策略

前文提到"相艺"设计策略是指将山地稻田生产性景观与艺术手段相结合，并细分为艺术材料提取、艺术形态转化和艺术色彩表现三个方面。

①艺术材料提取

艺术材料提取是指提炼山地稻田场地中的优质材料、传统工艺和施工技巧，运用到相应的设计中。艺术源于生活，山地稻田生产性景观的艺术材料源于生产场景，并可再次运用到其中。

以竹子、木材、石材为例。竹林、竹架及竹的衍生品竹席等，可广泛应用于山地稻田生产性景观中，竹林用于造景，竹架用于构建，竹席用于景观环境的营造。林地石材、沟渠卵石和坡面岩石是另一种实用的艺术材料，林地石材受到侵蚀形态多变，颜色各异，可用于景墙构建；沟渠卵石外形圆润，表面平滑，可用于道路铺设；坡面岩石体态浑厚，质地坚硬，可用于地基铺设、空间布局等。此外，木材料作为传统建筑物的常用材料，也可用于景观的艺术表现中，例如传统川渝建筑采用杉木皮盖顶，椿木、梓木（乌桕）做墙体，原因是这几种木材不但轻巧透气，而且"椿""梓"的谐音是"春""子"，有吉祥的寓意，遂得到川渝人民的青睐；传统木制水车、木栈道等田间设施常用的香樟、松木等材质，同样可以作为艺术表现的材料之一。

②艺术形态转化

艺术形态转化是指将山地稻田中原生的形态和符号，加以抽象或变形，形成设计语言，作为山地稻田生产性景观中的一部分。山地稻田生产性景观中的艺术形态分为线、面、框三种。线是指河流、沟渠、溪流等流线型空间形态，原生形态可以根据灌溉和道路空间的需求，依势而建，繁简转化，以达到串联节点的作用。面是指路面、构筑立面等面积较大的异形，例如水车，传统水车以功能作用为主，而忽略了艺术形态造景，山地稻田生产性景观中应将其构筑立面组合运用，使其既是功能性景观，也是景观节艺术化表现的一部分。"框"是在"体"的基础之上抽象出来的形态，不同于传统的线、面、体，山地稻田生产性景观中需要通透的景观空间，"框"的形态正好具备这种特质，与灭蚊灯结合的灯框、与稻草廊架结合的竹框、与田头棚结合的木框等，都是对山地稻田生产性景观形态的艺术化转化。

③艺术色彩表现

艺术色彩表现一方面指场地中构成景观的色彩要遵循自然，和谐统一；另一方面指稻作的色彩搭配，应根据现有水稻品种的色彩进行均衡搭配，形成具有山地特色、美感十足的山地稻田生产性景观。色彩是山地稻田生产性景观中充满活力的因素，其由季节变化、耕种方式和作物类型等多种因素决定。

山地稻田生产性景观中多数景观遵循自然的色彩表现，如采用木色，花朵的红色、黄色，植物的绿色，石头的青色等颜色。稻田中的色彩则由水稻的颜色和季节变化决定，春季播种，水稻颜色是嫩黄色、绿色；夏季水稻开始转色，呈现出紫色、黄色、浅绿色、深绿色等纷呈的场景；秋季稻穗成熟，稻田中主要分为橙色和紫色两种色系；冬季休耕，呈现出宁静的冬水田景观，泥土的褐色和水面倒映的墨绿色植被交相辉映。

4. 小结

乡村农业景观城市化、观光化现象，根源是人们缺乏乡村文化的认同感和归属感，这是一个发人深省的现象。我们身处于时代变革的浪潮中，承担着乡村未来发展的责任，更肩负着守护希望田野的义务。山地稻田景观的发展需要一种生命力，能够被大众广泛认可的综合性设计策略，就是生产性景观的介入。

本案例旨在通过山地稻田生产性景观设计策略研究，探讨现代环境下农业生产环境的设计，为乡村环境建设提供一定的借鉴和帮助。首先，对山地稻田生产性景观的研究背景、相关概念、国内外的研究现状等进行前期分析，总结出现存的普遍问题。其次，通过生产性景观和山地稻田生产性景观的理论研究的理论和实例研究入手，为策略研究提供理论支撑。再次，针对不同的空间要素提出相应的设计策略。最后，定位于重庆市沙坪坝区丰文街道三河村堰塘湾进行实践研究，建立实际成果支持，将有效资源整合、提取、升华，共同探讨出山地稻田生产性景观"相移""相宜""相溢""相艺"的设计策略。

"山地稻田生产性景观设计策略"的研究，不仅有利于设计学理论的建构，还优化了农业生产方式，提高了农民生产质量、美化了乡村环境、传承了农耕文化，对山地稻田和生产性景观的发展具有推动作用，也对乡村的发展和农民生活的提高具有现实意义。

5.2.2 案例二："自然共生"理念下的乡村景观更新设计研究——以重庆"黄桷缘民宿"设计为例

姚姗宏

1．乡村景观更新的现状研究

为了更深入地研究乡村景观更新现状，本案例选取重庆市江津区域内具有代表性的乡村景观更新进行实地调查走访吴滩镇郎家村。重庆市江津区村落的乡村景观更新的选址、乡村景观更新的构建，是人与自然和谐相处的典范。根据调查走访来寻找江津地区乡村景观更新的特性，探寻乡村景观更新设计的共性和原则。

1）乡村景观更新村落选址缘由

吴滩镇郎家村属于重庆市江津区范围之内，与本案例所选取的乡村景观更新为同一选址区域。吴滩镇郎家村是全国文明村、全国美丽乡村创建试点村，成为全区三大乡村振兴示范片区之一。该村落积极响应国家号召，建设成为风景秀丽、生态绿色的乡村景观，与本案例乡村景观更新不谋而合。因此，本案例所选村落的乡村景观比较能代表江津区的乡村景观更新。

2）吴滩镇郎家村

（1）村落地理位置

郎家村位于重庆市江津区吴滩镇中心，紧邻场镇，面积约8.51平方千米，共有人口4799人。郎家村交通便捷，接津永公路要冲，距离江津城区33千米，距离重庆主城区78千米。郎家村大部分属于浅丘地区，地势平坦，土地肥沃，种有丰富的农作物，是"重庆市无公害蔬菜基地"重点村。

（2）乡村景观更新村落布局

郎家村以发展无公害蔬菜产业和红色旅游产业为主，因此，乡村景观更新将农业、文化和旅游相结合规划设计。郎家村作为江津区三大乡村振兴示范区之一，大力发展"猪—沼—菜"共生模式，不断提升村落的产业质量和效益。与此同时，在依托特色产业和红色旅游资源的基础上，打造了集聂帅精神传承、私塾教育、农耕文化体验、农产品采摘一体的休闲观光旅游体验路线。

（3）建筑庭院风貌

郎家村的民居建筑为两层小楼，坡屋顶结构，建筑外形是典型的川渝地区现代民居形态。墙体多由青石和夯土搭建而成，也有少数砖墙结构，且墙面未覆盖其他涂料饰面，大多是建筑材料自身的材质饰面。郎家村每户建筑通过增加院坝场所的方式，使建筑与自然环境形成过渡空间，为了更接近自然，庭院通常会留有一块种植蔬菜或绿植的区域，点缀空间。同时，院坝为居民提供了日常活动的空间，例如休闲娱乐、村民交流等活动。

郎家村的民居建筑与自然环境共生时，除了在建筑与环境之间增添中间区域的院坝以外，也会在建筑本体上设计室内与室外的中间区域，即建筑第一层的内廊空间，为内部空间与外部空间的连接递进层次。建筑第二层也设置阳台空间，有的建筑没有遮盖，阳台直接与自然环境接触；有的阳台设有通透玻璃窗，可以从视觉上感受自然环境。

（4）自然材料

郎家村乡村景观更新因地制宜，充分利用村里的自然资源，与自然和谐共生。郎家村盛产青石，村里的建设以青石为主要材料，例如，居民房屋的建设，凿青石砖垒砌墙体，用青石条稳固门框，有的墙体小窗口也是用青石间隔而成。村里的栏杆、围墙、夯土墙的地基、排水沟等基础设施都是青石材料；除了青石材料，村民同样喜欢用夯土和木材作为建设材料，用夯土垒砌墙体，用木搭建屋顶结构和门窗。

郎家村的绿植主要以农业种植的蔬菜为绿色景观，以当地的乡土树种为点缀，例如竹林、桉树、橘树等乡土植物。建筑周围绿树环绕，建筑与生态和谐共生。

（5）民俗文化

郎家村民风淳朴，有浓厚的民俗氛围，村民之间互帮互助，凝聚力强。逢年过节，村民会组织杀年猪、包粽子、打糍粑、清明祭祀、扭秧歌和跳坝坝舞等富有乡村文化的娱乐活动，既增强村民的凝聚力，又促进村落和谐发展。

3）乡村景观更新设计共性

对重庆江津区吴滩镇郎家村进行实地调研走访，了解村落的地理位置、乡村景观布局、建筑庭院风貌、自然材料以及当地的民俗文化，从中探寻村落在乡村振兴的背景下，乡村景观更新与自然共生的原则。

（1）乡村景观更新与自然环境相适应

乡村景观更新保留村落自然水景，村落建设不影响自然水景，与水景共生。位于村落较中心的水域，村落的建筑建在水系旁，与其相互联系，并在水系周围种植绿植，丰富生物多样性。位于村落较远的水系，增加保护性围栏进行农业活动生产。村落中存在亲水性的驳岸、观景台和形状各异的自然景石。

（2）乡村景观更新村落布局

乡村景观更新时，规划设计尊重村落肌理，根据不同村落的发展方向，因地制宜地规划景观分区。保留村落大量的田地，土地依地势层层递进，形成自然的梯田景观；乡村景观更新硬化村落小路，宽敞干净的道路是适应人居的人性化设计；建筑设计依地形而建，建筑高度不一，但风格形式一致，富有节奏感。乡村景观更新，延续村落发展脉络，尊重地域文化、尊重场地关系、尊重生态环境，探寻与乡村自然共生的相处模式。

（3）乡村景观更新建筑形式

江津区的居民建筑是典型的川渝建筑形式，根据每户居民审美的差异，分别用青石、夯土、砖等建筑材料搭建房屋。有的建筑墙体全是青石结构，部分墙体用青石间隔小窗口，既丰富建筑形式又增加建筑室内空气的流动性；有的建筑墙体使用夯土与青石相结合的形式，建筑用青石搭砌600毫米或更高的墙础，防止夯土墙接近地面受潮；有的建筑为砖砌墙体，建筑搭建完成后可用贴砖饰面或直接砖墙结构饰面。不管是什么材质的墙面结构，其屋顶都以木材为主，木材搭建屋顶结构，并以青瓦覆盖，形成最后的坡屋顶。建筑的门窗选用当地的木材与玻璃相结合，体现自然与工艺的结合。大多数的建筑在一层设计内廊空间，二层增加阳台或露台与自然环境相互联系，且每栋建筑门前均设有宽敞的院坝，成为建筑与自然的中间区域。

（4）乡村景观更新使用自然材料原则

乡村景观更新建设主要使用当地自然材料。江津区自然环境优越，有丰富的林木资源。江津区盛产青石，有丰富的土地资源以及茂密的竹林。所以，村落里传统建筑的主要材料选用青石和夯土；乡村景观更新中的乡村小道、排水沟、护坡等基础设施由青石板材料搭建；围栏设施根据村落内部文化差异，分别用青石条、青砖、竹竿等不同材质组合。郎家村重点发展蔬菜种植，乡村景观更新的绿植多以本土植物为主，景观更新的绿植通常直接选用花椒树和各类果树做景观绿化。

4）乡村景观更新存在问题

（1）"空心村"问题

通过对郎家村调查走访发现，村落中有"空心村"的现象，即村落里部分房屋久无人居或年久失修，导致村落建筑衰败。调查发现村落出现"空心村"有以下两个原因：①村落中老建筑破损比较严重，建筑翻新成本较大，当地村民在交通更便捷的地方新建房屋，同时未拆除老建筑，浪费土地资源；②随着经济的快速发展，多数村民选择进城务工，城里工作的村民对居住的需求发生变化，选择城里居住或另建新房，村里因此出现越来越多的废弃房屋，造成"空心村"的现象。

（2）建筑风格不一

郎家村作为一个自然生态村落，保留有大量因地制宜的特色建筑，建筑风格比较统一。年代久远的建筑风格已经不能满足现代的生活方式。这也造成村落中较多建筑处于闲置状态，村落外围或交通便利的地方有新建于20世纪80年代的建筑，大多数的建筑直接套用城市化的现代做法或对传统建筑的形态简单复制，与传统建筑的风格相差甚大，村落建筑风格各异。村民不满意传统建筑的风格样式，盲目地跟风城市化的建设，不利于传统建筑风貌的传承与保护。因此，从乡村景观的长远发展来看，村落建筑风格迫切需要在传统建筑风格的基础上探寻新的出路，使传统与现代共生，促进乡村景观可持续发展。

（3）生态破坏

由于缺乏乡村景观更新的长远规划，农房的粗放无秩序建设，以及大量村民进城务工出现的乡村"空心化"，导致了建筑空弃、农田荒废等现象。再加上村落村民无拘束地饲养家禽，如水池旁饲养鸭、鹅等家禽等，导致村落出现水域污染及随处可见家禽粪便的问题。土地荒弃导致植物无序生长，无规划饲养家禽破坏环境，乡村景观在生态环境中自发无序的发展下，村落里生态、生活、生产的共生空间正濒临危机。

2."自然共生"理念下乡村景观更新设计的应用策略

乡村景观的发展是一个不断更新改造和修缮的过程，并通过这样的方式来满足村落新的生活需求。乡村景观更新除了更新乡村的面貌之外，也是一种让乡村形成自我调节的方式，所以乡村景观更新的基本目的是实现乡村景观的可持续发展。因此，乡村景观进行更新和改造时，我们应从客观的角度，合理看待设计更新问题。

本案例将"自然共生"理念引入乡村景观更新设计，探讨乡村景观更新如何与自然共生的问题。以乡村景观更新的设计理论为基础，结合村落景观、建筑、民俗等要素归纳出本案例"自然共生"理念下的乡村景观更新设计基本内涵，为乡村景观实现可持续发展的目标提供理论支撑。

1)"自然共生"理念下乡村景观更新设计的应用意义

（1）社会现实意义

"自然共生"理念下乡村景观更新设计的主要目的是为我国乡村振兴提供新的创新性方法，探寻乡村景观更新中两对立要素的共通区域，即通过增加过渡空间的方式，使两对立要素相互融合，相互作用。这与我国实现乡村振兴战略规划的初衷不谋而合。在乡村景观更新的建设过程中，乡村景观随着时代的发展和村民新的需求而不断完善和更新，以此满足村民对生活环境的要求，实现村落的可持续发展目标。例如，乡村景观在更新建设的过程中，关注村落里植被、水系、山体等自然要素与景观规划的矛盾冲突，探寻自然与建筑之间的共生空间。通过此方式改善乡村建设中出现的生态失衡、文化消失等问题。总的来说，"自然共生"理念与我国乡村振兴有相同的目标，所以将"自然共生"理念引入乡村景观更新有一定的科学性和社会意义。

（2）实践指导意义

将"自然共生"理念引入乡村景观更新的具体实践，有助于我们认清两对立要素之间的矛盾根源。协调为满足村民对现代生活的需求所进行的景观更新与乡村自然环境关系，使乡村景观与自然共生。乡村景观更新除了解决现存矛盾之外，还要以长远的目光，关注乡村景观的可持续性发展。且"自然共生"理念对乡村景观更新中生态景观、人文景观的可持续发展有很好的指导作用。所以，在乡村景观更新过程中，应明确乡村景观的整体定位，充分掌握村落的地理要素，将"自然共生"理念落实到景观的具体设计中。

2）"自然共生"理念下乡村景观更新设计的应用原则

（1）适度性原则

在乡村景观更新的过程中，需要对村落自身的环境条件有全面了解，根据经济基础和文化背景的结合，循序渐进、适度性地设计实施，维持乡村景观中各要素之间的平衡，不盲目追求速度和体量。

（2）整体性原则

乡村景观由村落中的不同要素组成，具有开放性特点。例如，村落中此起彼伏的山脉、生长茂密的绿林、清澈蜿蜒的小溪等自然景观与村落里村民修建的民居、耕作的农田、铺设的小径等人工景观组成充满田园气息的乡村景观。每个组成要素可单独存在，具有独立性特点；彼此之间又可以相互联系，发挥各自的价值属性，形成一个多样化的有机整体。因此，乡村景观在更新的过程中，要从宏观的角度分析，将乡村景观更新与村落整体相结合。延续村落的历史肌理，确保景观更新与村落之间的协调性。与此同时，乡村景观进行景观塑造时，将村落的地域文化与设计相结合，保留村落的文化特色。

（3）地域性原则

地域性原则主要是对乡村景观的现状条件和景观特色等要素进行梳理，在乡村景观的空间形态、景观结构以及传统景观面貌的基础上，对乡村景观进行合理的更新设计，使更新后的乡村景观既能保留原有的地域特征，还有鲜明的主题性。

村落在不同的地理位置和自然条件下，孕育出独一无二的历史文化。可以将各村落的文化特色理解为乡村景观更新过程中的核心区域，并与其他村落的文化存在明显差异。因此，在乡村景观更新过程中，首先需要梳理清楚村落的历史文脉，将村落的文化特色和景观风貌提炼成村落独有的设计符号，并以乡村景观为载体呈现出来。既传承村落的优秀文化，又为村落的乡村环境注入养分，实现其长远发展的目标。

（4）生态性原则

随着乡村环境的恶化，乡村景观作为村落的绿地系统所发挥的生态作用越来越明显。生态性的设计不仅是简单增加乡村景观的绿化面积，更重要的是形成一个能够进行能量交换的生态系统，为不同物种的生存提供良好的生活环境，提高物种的多样性。

乡村景观更新的生态性设计，可以从两方面入手，一方面恢复生态绿化，另一方面增加乡村景观环境中的物种多样性。这要求我们在更新设计的过程中要尊重场地环境，顺应自然发展的同时尽量减少对自然生态的破坏；保护场地其他生物的生存环境，维持不同生物的生存环境质量；同时需要对自然资源进行保护，适当使用生态性的建设材料，营造一个健康和谐的共生环境。

3）"自然共生"理念下乡村景观更新设计的应用途径

（1）乡村景观更新与自然环境的适应性共生

乡村景观与自然环境和谐共生的第一个层次是适应性共生，它强调以下三个方面的内容：乡村景观更新规划之初，对村落原生态环境进行判断选择，对其进行保护利用；选择合适的乡村景观格局和建筑形态，以谦逊的姿态融入自然环境；生态化的乡村景观更新建设。本节研究中，将"自然共生"理念的相关理论与乡村景观规划的基本程序相结合，阐述适应性共生的重点步骤和方法。

①保护原生态环境

自然环境的原生态系统会逐渐形成一个和谐、稳定的结构，人工建设的出现总会或多或少地打破其内部平衡。因此，乡村景观更新在规划之前，需对村落自然环境进行详细的调查研究，明确保护重点和发展方向，争取把人为原因的负面影响降到最低，保证乡村景观生态系统的相对平衡和景观结构的相对完整。

以四川省峨眉高桥镇福田村的丛林溯溪为例，景观设计运用适应性设计以及最小干预的景观策略。对原场地的小溪进行设计时，充分尊重场地环境，最大限度保留了原场地的岩石和原始林木。对建设破坏的地方，通过树苗补种、绿化地面的方式进行补救，并梳理溪岸，呈现出一条充满自然野趣的小溪。因此，乡村景观更新设计时，尽可能减少人工建设对自然环境的破坏，减少对生态环境的干扰，协调人与自然的共生关系，使整个乡村景观更新的生态景观良性循环。

②"集中—分散"式乡村景观更新格局

"集中—分散"相结合的设计格局强调集中利用土地，通过保持大面积自然植被区域完整性的方式充分发挥其生态功能。与此同时，将小面积的自然植被区域和条状自然植被分散引入人为活动区域。通过这种将大面积区域集中、小面积区域分散的调整方式，达到保持生物多样性和延伸视觉多样性的目的。

在乡村景观更新设计的实践中，"组团式"布局更利于实现这种格局。修建建筑时，根据其功能、属性的差异而分类聚集成组团，为户外空间和绿地空间保留相对完整的区域；除此之外，在建筑组团内部，适当留出小面积的自然区域或人工区域。在大小面积区域的相互作用和影响下，最大限度提高乡村景观更新的丰富性和抗干扰性。而当乡村景观更新规划遇到复杂地形时，为实现空间格局的最优利用，可以将各分类组团的功能属性和地形特点综合考虑规划设计。例如，重庆市垫江县雷家湾巴谷宿民宿规划设计时，将主体民宿建筑集中围绕稻田布置；接待区面积较小，被安置在山脚下；基地将最大面积的区域留给田地，最大限度保留农业景观，使建筑与老树、稻田和谐共处。

③和谐融入的群体轮廓

从宏观角度看，乡村景观更新整体空间格局与自然共生，也需对乡村景观建筑群体的轮廓形态进行适当控制，使建筑的形态特征与场地自然环境相协调。

在乡村景观更新设计中，建筑整体形态的把握往往需要从更大的范围来考虑，所以其建筑形态通常是以山体轮廓的起伏、曲直、开合或走向趋势为背景进行创作。建筑群的轮廓形态表现出的发展趋向与自然山体环境相和谐，体现出与自然生态融入和共生的关系，这种形体上的和谐是自然共生的外在表现。

例如，当乡村景观的建筑群体位于山麓之中，建筑群体可以根据地形水平扩展，发展成为舒展的布局态势；当建筑群体位于山腰时，建筑群可根据地形竖向扩展，成为与地形"契合"的发展关系；当建筑群体位于山顶上时，从视觉上来看，建筑群体对周围自然环境的影响最大。因为建筑的轮廓可以直接与山体一同构成山体轮廓线，建筑群体设计需要特别重视屋顶轮廓的节奏变化，并且体现一定的规律性。

④建筑的"交错式"布局

生态学通常将边缘效应作为设计的重要原理，即在两个或多个不同的生态系统边缘地带进行能流和物流的交换，使各生态系统更活跃、物种更丰富，生态系统的活跃度也会随着边界曲折度和宽度的增加而增加。所以，在乡村景观更新中，建筑群体的设计需以"契合"的方式融入周边自然环境，达到保持原有"生态交错带"的目的，也有利于人工环境和自然环境中间区域的形成。

例如，在乡村景观更新设计中，建筑群体与周围自然环境相互协调交错，其相互交错的主要方式有以下几点：周围是生态环境较好的山体景观，建筑群可以沿着生态景观中较为平坦的区域布置；周围是生态环境较好的山谷景观，建筑群可以沿着山体结构布置；周围是生态环境较好的小山包或浅丘陵，建筑群可以围绕其布置。因此，乡村景观更新的建筑群与周围生态环境的布置可以根据"建筑—山体—建筑—山体"的模式交错布局，使乡村景观中的边缘效应得到最大程度的发挥，提高乡村的生态活力。

景观系统的生态功能取决于区域面积的大小和区域数量的多少。一般情况下，区域面积越大，其生物物种越丰富，生态维持能力也越强；但是小面积的区域因占地小、分布灵活的特点，也可以成为生物的临时栖息地，并且有提高生物多样性的作用。同时，区域的数量越多，乡村景观各区域之间的连接性就越强，整个乡村景观系统的物种交换越发频繁，也更具有生命力。

例如，在乡村景观更新设计中，景观的塑造可以以人工景观区域与自然景观区域相结合的方式规划设计。利用村落里已有的山体或水体为主要景观结构，同时对中心的自然景观进行适度改造，使景观形成大小不一、富有层次的自然景观；针对建筑、庭院等人工景观，则可以采取与村落地形结合并向自然景观开放的设计模式，使自然景观和人工景观相互作用，有机融合；同时，建筑周围，种植当地村落的本土绿植，例如，竹林、果树等树种，形成"山水—花草—建筑"为一体的生态景观结构。

⑤设置线性景观

线性景观在乡村景观更新中，起到连接各功能区域的作用。完整的乡村景观一般由稻田、水域、自然景观、建筑等要素组成，因此在设计时，需设置线性景观将乡村景观中大大小小的自然景观区域和人工区域连接起来，形成一个较为完整的乡村生态网络。

（2）乡村景观更新与自然环境的修复性共生

修复性共生是指在发展过程中遭到破坏和影响的乡村自然生态景观通过采取积极的、生态化的人工干预措施进行修复和弥补，使其重新恢复生机；通过修复的乡村景观可以形成丰富多样的生态群落和视觉效果。修复性共生可以说是适应性共生的进一步措施。

①修复景观格局

修复景观格局的关键在于保持区域的完整性。在村落的发展进程中，乡村景观的完整性破坏是不可避免的，例如原始生境的消失、生态景观的减少以及孤立化等问题。保持村落区域完整性的主要思想和措施有以下几点：乡村景观更新的建设项目选址尽量选择景观环境较差、生物不易生存的区域，将生态环境好、适合生物生存的区域保留给自然；乡村景观中的道路实行人车分流，同时乡村景观中生态中心尽量远离机动车的污染，这样既有利于恢复动植物的栖息地，也减少道路交通的阻隔作用；为村落各级道路两侧规划一定宽度的绿化带，形成多个层次的绿道景观，并将村落中废弃的小面积空地利用起来种植植物，形成绿化网络；村落建筑以组团模式设置，保留大面积的绿化区域，更有助于区域完整性的保持。

②修复绿地系统

乡村景观更新中，通过必要的修复和完善方式，增强乡村绿地系统的整体性和垂直空间的层次性，以此弥补生态功能的退化。修复绿化系统的策略主要有以下几点：乡村景观更新时，尽量保证村落线性景观的延续性和贯通性，尽最大可能形成生态网络；乡村景观更新建设时，杜绝浪费生态资源的现象，建设过程中，适当回收生态资源，并在屋顶、露台、庭院等适宜位置予以恢复；结合乡村景观的场地和建筑设计，形成层次丰富的绿化格局，尽量弥补因人工建设造成的乡村生态损失。

③补偿生物多样性

村落的生态系统中生物多样性是乡村自然环境健康发展的基本需要，同时也是维持乡村生态平衡的重要条件。乡村景观更新中生物多样性补偿主要有以下两个方面：为村落里的动物提供充分、安全的生态栖息地，以及为迁徙动物提供必要的迁徙通道；在乡村景观更新中，注意绿植的多样性搭配、绿植的季节性和绿植的层次性，力求做到自然景观与人工景观的结合，疏林与密林的结合，乔木、灌木、草坪等不同绿植的结合，这样既提高乡村景观的生态性又满足视觉上的多样性。

（3）乡村景观更新与自然环境的文化性共生

①乡村景观地域特色的打造

乡村景观更新设计的独特性和地域差异性主要来源于村落所属地的地域特征。地域指特定的空间区域和空间范围，地域有自然的区域环境和包括社会历史文化等因素的区域两层含义。而地域特色指的是在一定区域条件之下，根据其特定的社会组织形式、经济发展情况、宗教信仰、传统民俗等因素来决定形成特定的意识形态、价值观念和行为方式。并经过区域的发展和演变，成为每个阶段的历史并保存流传下来。例如，我国一些受自然条件影响的山区，拥有十分恶劣的生存环境，即地形复杂、环境潮湿，且多毒蛇猛兽，村民根据复杂的山体结构用柱子作为房屋的支撑，建造屋体悬空的吊脚楼，以此避免受潮和猛兽的袭击。又比如在广东地区，因其靠近海域的地理位置，易出现台风暴雨进而引发洪涝等自然灾害，以及广东地区在清末时期匪患猖獗，造成社会秩序混乱。所以，当地村民共同建造墙体坚固的碉楼建筑来抵御外界的伤害。我国地域辽阔，各个区域存在差异性，不同区域的特定文化往往可以根据观察建筑的差异性进行区分。

区域文化造就富有地域特色的建筑。可以说，地域文化是建设独具特色建筑的前提。不同时代的人们，在不同的地域，通过不同的生活方式，留下特有的生活足迹，也为人们所在村落的各个阶段留下了历史痕迹，经过岁月长河的洗礼，形成村落里独有的地域特色，充分体现人与自然之间的联系。而乡村景观是人们在乡村区域内为满足日常生活和生产的需要，而形成的人文和自然相结合的景观，拥有村落在不同历史时期的集体记忆。因此，在乡村景观更新设计中，打造乡村景观地域特色的措施有以下几点：尊重自然的村落格局：乡村景观更新规划可以借鉴传统园林设计的借景手法，景观的打造结合村落的地形结构，借景于乡村景观区域优美的生态景观。除此之外，乡村景观建设还可以通过"留白"的方式来营造景观氛围，可以有效保护村落里大面积自然景观区域的完整性。乡村景观更新时，对景观进行富有节奏性的规划设计。例如，乡村景观更新中水域设计时运用叠级、平台、堤岸等元素穿插设计，以此营造具有小桥流水人家的意境空间。除此之外，乡村景观更新可以通过空间组合、对比的设计方式，来表现景观人性化的空间尺度和丰富多变的空间节奏。通过建筑的地域化设计进一步表现地域特色，在进行建筑设计时，明确村落的历史发展位置，将具有地域特色的设计元素融入建筑，使建筑设计与村落的发展趋势相互联系、相互影响，最终达到交融共生的目的。

②乡村景观传统文化的传承

乡村在时间的推移中逐渐形成具有当地居民集体记忆的特有文化，并随着时间的沉淀形成文化底蕴深厚的村落。然而，随着现代城市化进程的加快，村落传统文化不能与现代城市的发展节奏匹配，出现村落乡村景观更新同质化、文化特色消失等现象。在乡村景观更新设计的过程中，我们需要去寻找当地居民对村落往事的记忆，例如具有当地文化特征的装饰要素、传统建筑材料、传统文化符号等。提炼传统文化符号与现代设计相结合，保护场所记忆。比较常见的设计措施有以下两点：设计前明确村落的传统文化符号，遵循构成法则将传统的建筑样式与现代的建筑材料相结合的方式，建设新风格的建筑。乡村景观更新中建筑的设计样式以现代建筑的形式为主，加上有地方性、传统性的建筑材料来构建。例如，日本著名的建筑师隈研吾在设计日本栃木县的美术馆时，将当地盛产的石材作为主要建筑材料与现代建筑表现形式相结合，完成博物馆的建设。

③乡村景观人文精神的营造

人文精神包含了社会中的各种文化现象和文化精神，并体现在人与自然、人与社会、人与人之中。人文精神在不同的时代和地域存在差异性，并随着时代的更迭不断丰富。时代人文精神具有鲜明的时代特色，且建立在文化底蕴的基础之上。因此，我们需要对现在的生存和生活方式进行审视，并看清未来的发展方向，实现历史与现实的平衡与交融。

因此，在乡村景观更新设计中，要时刻关注当地居民的精神归宿，即随着村落不断演练所沉淀下来的传统根基，并营造一个完善的、具有时代人文特征的乡村景观环境。所以，在乡村景观更新整体规划设计时给予村民更多的人文关怀，增加更多的交往空间。设计考虑当地居民心理感受的同时，考虑乡村景观整体的发展需求，为村落的发展做长远打算。例如，完善乡村景观内部各个功能连接，处理好人与自然的共生关系，使乡村景观与外部整体村落的各个大小区域相结合，构建一个现代生活与时代人文景观相结合的空间环境。

3. "自然共生"理念下的重庆黄桷缘民宿设计应用实践

1）项目背景

（1）项目区位

重庆市江津区位于重庆西南部，东邻巴南区、綦江区，南界贵州省习水县，西与永川区、四川省合江县接壤，北靠璧山区、九龙坡区和大渡口区，是长江上游重要的航运枢纽和物资集散地。先锋镇位于重庆市江津区中部，东邻支坪街道、西湖镇，南邻李市镇，西与慈云镇、龙华镇接壤，北与几江街道相连。先锋镇共管辖椒乡社区、夹滩社区以及绣庄村、麻柳村、保坪村、大垮村、金紫村、永丰村、石鱼村、香草村8个行政村，其中麻柳村位于先锋镇南部，与保坪村相连。该项目的用地位置位于麻柳村"黄桷缘民宿"点，总占地面积为20897平方米，属于江津现代农业园区的核心区域，距江津区人民政府驻地11千米，距重庆市政府驻地54千米，交通便利。

（2）环境概况

麻柳村为浅丘陵地形带，地势中间高、四周低，平均海拔约400米，视野开阔。该地区属于亚热带季风湿润气候，全年平均气温18.4℃，空气清新，气候宜人，是休闲、观光、度假的最佳选择。设计场地有丰富的农业种植，拥有葡萄、蔬菜、水稻、柚子、橘子等农作物组成的农业景观。除此之外，场地由河流、水池和生态景观组成，拥有较好的自然基础。同时，孕育出当地淳朴的民俗风情，例如杀年猪、包粽子、打糍粑、清明祭祀等民俗活动，既表达了村民对传统文化的传承，又体现出劳动人民朴实的情感。村落围绕特色产业、生态环境和民俗文化进行乡村景观建设，以此兴业富民，成为生态、宜居的美丽村落。

2）现状分析

（1）空间功能单一，基础设施欠缺

麻柳村的土地利用主要由耕地、水体、村民住宅地、道路用地组成，土地没有得到充分利用。从土地利用情况来看，场地现存的功能分区主要有：住宿区、农业观光区、果园采摘区，且功能分区各自独立，缺少联系。其中，场地住宿区空间面积狭小，建筑陈旧，只能供户主居住，缺乏游客住宿空间。从景观设计角度来看，场地现有设计规划只是将功能分区进行简单划分，例如耕地以简单种植农作物作为农业观光区，水体区域通过挖坑蓄水的方式表示水景，整体设计规划比较简单、粗糙；场地缺少基础设施建设，例如为村民或游客提供的休闲座椅、水景周围的安全围栏等基础设施。

因此，"黄桷缘民宿"在进行景观更新设计时，需要完善场地的功能分区和基础设施，建立起各区域之间的联系。

（2）景观文化特色模糊，缺少吸引力

不同地区的村落在不同地理环境的影响下，拥有不同的历史文化和风俗民情。因此，乡村景观在更新设计时将村落的文化特色和时代主题相结合，能够大大提高村落强大的生命力和吸引力。但是，麻柳村在城市化进程的影响下，村落建筑的传统建造方式、自然材料以及建造技术正在逐渐消失，具有乡土气息的夯土建筑、石砌建筑、穿斗式木结构和传统文化符号不断被城市化的砖混建筑取代。"黄桷缘民宿"选址场地的建筑风貌也正在失去民俗特色，渐渐出现同质化的现象。

（3）景观杂乱，生态秩序失衡

麻柳村生态环境问题主要面临以下两个问题：①随着社会的不断发展，大批年轻人选择进城务工，导致村里出现"空心化"的现象。因此，村里相继出现房屋废弃、农田荒废的现象，既占用土地资源，又影响村落生态环境的恢复，且荒废土地中大量的野草无序生长，村落自然环境呈衰落景象；②麻柳村在发展农业经济的同时，将作为农作物有机肥料的牲畜粪便堆砌在路边或耕地里，影响环境美观和空气的清新度。与此同时，麻柳村兴农业设施建设，开垦土地，大面积黄土裸露地面，周边自然环境遭受破坏。

综上所述，从麻柳村整体景观现状进行分析，麻柳村以农业发展经济，根据乡村的发展逐渐形成有特色的农业景观。但由于村落的功能分区单一、景观类型单一等问题，导致乡村发展进程比较缓慢。除此之外，村落的发展受到城市化进程的影响，村落特色文化渐渐消失，生态环境遭到破坏等问题，不利于村落的可持续化发展。

3）设计理念与规划布局

（1）主题定位

①主题定位——农旅融合的乡村景观民宿体验区

面对国家乡村振兴的发展契机和麻柳村乡村景观所面临的问题，黄桷缘民宿景观更新应发挥其农业园区核心区域的地理优势，以自然生态和特色产业为基础，以田园观光、民俗文化、特色产品为条件，以互动体验、乡野田舍、文化交流为主要表现方式，结合乡土文化的设计元素，打造集田园观光、农耕文化体验与当地特色美食于一体的乡村景观民宿体验区。

②设计目的——乡村景观的可持续化发展

黄桷缘民宿景观更新的初心是打破以往乡村景观建设的不足，实现乡村景观可持续性发展，即通过生态的自然环境与丰富的特色文化，将"自然共生"理念与村落的生活、生产、生态相结合，相互作用、相互影响。从而推动乡村的经济发展，延续乡村文化，活跃乡村氛围，增强村落的生命力和吸引力。

（2）设计原则

①整体共生的设计原则

黄桷缘民宿景观设计时，将景观设计看作一个整体，从村落的景观结构出发，注重景观设计的整体性。在"黄桷缘民宿"景观设计的过程中，一方面，将"自然共生"理念与村落发展肌理相结合，融合环境，将村落中的植物、水体、山石等自然要素整合在一起，相互交织影响，使乡村景观成为一个有机整体；另一方面，村落拥有源远流长的精神文化，在黄桷缘民宿景观设计中，需要延续村落生产、生活方式，确保村落空间布局在景观设计中的原真性。

②生态优先的设计原则

黄桷缘民宿景观设计顺应设计场地，在尊重村落自然环境的基础上进行民宿景观的规划设计，设计中尽可能减少设计对原场地生态环境的干扰。根据村落地形地貌的特点，合理调整场地功能分区和空间尺度，并结合气候条件、自然规律，种植适宜的经济作物或绿植。建设材料尽量选择本土材料，因地制宜地构建融于自然的生态景观。

③文脉延续的设计原则

不同地域的村落，随着时间的累积，其地方特色与文化内涵也具有差异性。因此，黄桷缘民宿景观设计要深入了解村落的地域文化和村落记忆，保留村民的集体记忆，传承民俗文化，从建筑形式、民俗风情、设计元素、行为活动、思想意识几个方面综合思考，延续村落历史文脉，确保黄桷缘民宿景观的文化特色。

（3）总体规划

黄桷缘民宿景观设计根据项目背景和主题定位，与设计原则相结合，规划富有文化特色的乡村景观民宿体验区，其景观的总体规划围绕场地条件合理规划布局。场地原地形为浅丘陵地形带，所以黄桷缘民宿景观的场地属于微地形结构；空间上的塑造以农耕中稻谷的生长载体耕田为设计元素，提炼出耕田不规则阶梯状、层层向上的形态特征与平面规划相结合，营造归隐田园的空间氛围；选择村落盛产的青石作为景观设计的主要材料，与夯土、木材等自然材料搭配组合，结合现代的设计方式，创造新的设计形式；黄桷缘民宿景观设计的功能分区，尊重当地产业发展方向，以农业为主要方向，以"农耕文化"为设计线索，设置与农业发展相关的功能片区。

①合理的空间布局

黄桷缘民宿景观设计的功能分区综合主题定位和场地现状，结合游客感受农耕、了解农耕、参与农耕、食于农耕、归隐农耕的游览路线进行分区设计，即入口广场、农耕文化体验区、特色产品售卖区、食品加工区和民俗住宿区五大功能区。此五大功能区既独立存在又相互联系，各功能区间层层递增，由浅及深地体现黄桷缘民宿景观设计主题。

②完善的路网结构

黄桷缘民宿景观设计的道路规划一共有三个层次。车辆行驶道路：景观设计中车辆行驶道路与游客游览小道分开规划，避免景观内出现人车拥堵的情况，减少汽车尾气对周围环境的负面影响。与此同时，车行道与村落道路相连接，尊重村落结构。人行道路：人行道路为景观设计内游客的主要行走道路，该路线串联五大片区，起到游览导视的作用。游览小道：游览小道为景观内各功能片区内的小尺度路径，游客随着人行道路来到各功能区分区，再通过游览小道与各功能区互动。规划游览小道，可以增加区域之间的通达性，也起到增加场地灵活性的作用。

③完整的绿色景观

黄桷缘民宿景观设计中，对建筑进行组团式布局，即将民宿区的建筑规划在同一区域。通过这样的方式，设计场地保留了大面积的绿化，为场地的景观绿化提供了充足的空间，既保证了绿化区域的整体性，也增加了黄桷缘民宿景观的生态性。除此之外，建筑群内穿插了面积比较小的绿化景观，一方面，改善建筑周围的绿化环境；另一方面，建筑内部的小面积绿化景观使建筑与自然环境相互过渡融合，削减了两者间的对立特征，实现了建筑与自然的和谐共生。

4）空间节点设计

（1）入口广场区

入口广场区是黄桷缘民宿景观游览的入口区域，为游客提供宽敞的交流空间，同时也在入口广场区感受农耕，为下一段旅程作铺垫。入口广场区主要由三个功能区组成：第一个功能区为小广场，也是黄桷缘民宿景观的入口，同时起到人车分流的作用。小广场主要由水池和青石构筑物组成入口小景观，以繁茂的绿植为景观背景，遮挡游客的视线，吸引游客的好奇心，也体现出景观园区的生态性；游客由小广场进入景观园区，即可来到第二、第三功能区，即休闲广场和层层向上的稻田景观。该区域设置面积较大的广场是为了营造豁然开朗的视觉感受，也形成游客的聚集空间。其中，不规则形状且层层向上的稻田，营造了田园水乡的意境，使游客完成了从现代城市到水乡田间的思想穿越（图5-6、图5-7）。

图5-6　黄桷缘民宿入口大门效果图

图5-7　黄桷缘民宿稻田景观效果图

（2）文化体验区

　　文化体验区是黄桷缘民宿景观农耕文化体验的区域，主要由两部分组成，即休闲连廊和油菜花观赏区。文化体验区是一个游客切身感受农耕的互动空间，是游客路线中了解农耕的阶段。其中，休闲连廊与场地中的水车相结合，形成层层错落的叠水景观。增加游客视觉、听觉上的游览感受，使其更深入且全面地了解传统农耕工具水车的运作方式和场景（图5-8）。

　　油菜花观赏区以青石为主要建设材料，在文化体验区中的油菜花种植范围内铺设像迷宫一样的游览小径，并根据迷宫路线设置相应的景观节点。游客们以游戏的心态穿梭在迷宫小径之中，增加游客与场地互动性的同时，了解耕种的乐趣。迷宫小径将游客引导至该区域的最高点即观景平台，其框形的构筑结构为游客提供拍照打卡场地，丰富游客的游览体验（图5-9）。

　　文化体验区的休闲连廊是一个开放性的休闲空间，其开放性的空间结构成为建筑与自然环境的中间区域。与此同时，穿梭在油菜花种植区域内的迷宫小径与周围的自然景观互相穿插联系，使文化体验区与周围环境相互作用、相互影响，与自然共生。

图5-8 黄桷缘民宿休闲连廊效果图

图5-9 黄桷缘民宿休闲亭效果图

（3）特色产品售卖区

特色产品售卖区是黄桷缘民宿景观中游客参与农耕的阶段，即游客经过上一阶段对农耕文化的了解，来到此阶段可进入实际生活中，通过近距离观光农业景观、观察农作物等方式，切身参与农耕，即实现理论与实践的结合。

特色产品售卖区一共由三部分组成：蔬菜种植区、水果采摘区、产品售卖区。①黄桷缘民宿景观设计中，充分尊重场地关系，大面积保留原场地的蔬菜种植区域，确保生态景观的完整性。设计规划以当地的蔬菜品类种植为主，形成生态自然的蔬菜种植区。并在场地中搭建由木条拼接组合成的种植架，形成蔬菜无土栽培的景观节点。游客可在蔬菜种植区内自由穿行，近距观察蔬菜的种类、习性等特征。②特色产品售卖区中的水果采摘区，使游客更深层次地体验农耕，感受丰收。从空间组成上来看，水果采摘区搭建根据场地高差形成高低不同的空中廊桥和可眺望远方的瞭望塔，为游客提供采摘和观景的场地。其线性的空中廊桥将自然环境与人工建筑联系起来，模糊两者之间的界线，起到消解两者之间对立性的作用，是与自然共生的表现方式。③产品售卖区是由青石和木材搭建组合的开敞空间，建筑的空间范围没有明确的界线规定，室内空间与室外空间互相联系，与周围环境共生。产品售卖区的建筑结构尊重当地传统建筑形式，采用坡屋顶结构，将青石、木材等自然材料与现代的设计手法相结合，营建出与文化共生的售卖空间。售卖空间为当地村民提供售卖特色产品的场地，也能让游客看到村落中更多的特色美食和风俗民情（图5-10、图5-11）。

图5-10　产品售卖区蔬菜种植区效果图

图5-11 农产品售卖区效果图

（4）食品加工区

食品加工区是黄桷缘民宿景观中游客处于农耕的阶段，游客们可以在花椒种植区采摘花椒，并将其送至食品加工区将其加工成该地富有特色的美食。使游客体验采摘农业采摘乐趣的同时，品尝其富有特色的加工食品。食品加工区的地理位置与产品售卖区相互对望，游客等待农产品加工的同时，可欣赏优美的农业景观，感受热闹的市集氛围。

食品加工区的建筑形式与产品售卖区的形式相同，以青石为主要建筑材料，结合现代手法设计。建筑与水景相近的区域，设置大面积露台，与周围环境连接；同时，建筑本身设置内廊形式的食品加工空间，与露台直接联系；使食品加工区与自然环境形成"封闭—半开放—开放"的空间关系。

（5）民俗住宿区

民俗住宿区是黄桷缘民宿景观中游客归隐农耕的阶段，为游客提供了住宿场地。住宿区的建筑群由原有建筑和新建建筑组成。场地原有建筑是由夯土和青砖组成的两层"U"形民居小楼，坡屋顶结构。设计中对原有建筑进行保护和修缮，并赋予新功能，增加原有建筑的实用价值；住宿区一共有三栋新建建筑，建筑以青石、夯土为主要建筑材料，形式风格与原有建筑相协调。与此同时，在三栋独立建筑围合成"U"形的院落中搭建避雨廊架构筑物，设置川渝特有的宴席场所，使游客感受当地的宴席文化。与此同时，建筑第二层设置观景平台和连廊与三栋新建建筑相连接，使其既独立又完整。

民俗住宿区的建筑以"组团式"的布局方式因地造势，尊重设计场地，形成错落有致的建筑群，与周围地理环境的节奏相协调。

民宿区周边环境的景观设计得益于住宿区建筑"组团式"的布局方式，建筑周围种植大量富有层次感的本土植物，增加建筑环境的生态性。除此之外，在建筑围合的庭院设置绿色景观，民宿区通过庭院设计绿色景观的方式，将自然环境引入建筑，与周边环境和谐共生，营造一个良好的住宿环境（图5-12、图5-13）。

图5-12 民俗民宿区效果图

图5-13　民俗民宿区宴席效果图

4. 小结

随着我国乡村振兴建设热潮的兴起，各村落为响应国家号召大兴乡村建设。乡村景观也成为我国乡村振兴建设中不可缺少的一部分，具有生态、文化、经济三大价值属性。但在乡村建设过程中，部分设计未尊重村落的自然环境和发展肌理，盲目模仿城市化的景观形式。使我国乡村景观的完整性和生态性遭到连续性的破坏，生态环境失衡、文化特色消失等问题相继出现，村落逐渐丧失生命力和吸引力，不利于村落的可持续发展。乡村景观的更新迫在眉睫。因此，本案例从乡村景观的根源问题即生态自然的角度出发，以"自然共生"理念为基础理论，针对乡村景观的更新设计策略进行系统研究，主要研究成果为以下几个方面：

（1）提出解决乡村景观更新现存问题的新思路

本案例通过理论学习和文献研读的方法，从国内外相关的理论研究中发现我国乡村景观更新建设在规模和质量上均取得不错的发展，但也从侧面反映出乡村景观更新建设注重速度和数量的提升，忽略了乡村建设与自然生态的问题，从而造成了乡村景观更新面临生态失衡的种种困境。因此，本案例在分析总结生物学、社会学、建筑学和城乡规划学领域中关于共生理念相关研究的基础上，在建筑学和城乡规划学中黑川纪章的"共生思想"上进一步归纳总结，形成本案例中的"自然共生"理念，并提出将"自然共生"理念作为指导思想，为本案例乡村景观更新的设计策略提供理论支撑。

（2）对我国乡村景观更新提供案例分析

本案例通过对重庆市江津区吴滩镇郎家村进行实地考察调研，采用拍照记录、文献查阅等方法，研究发现我国在乡村振兴建设中的乡村景观更新出现了"空心村"、建筑风格不统一、生态破坏的具体问题。这部分案例分析为论题研究提供了事实依据。同时，该研究也为我国乡村景观更新提供了案例参考，避免出现相同问题。

（3）尝试性地提出"自然共生"理念下乡村景观更新的设计原则与策略

通过对乡村景观更新的案例分析，梳理出"自然共生"理念下乡村景观更新的设计原则和策略。具体提出适度性、整体性、地域性、生态性的设计原则，以及在"自然共生"的视角下，探讨乡村景观更新与自然环境共生的设计策略，即适应性共生、修复性共生、文化性共生。

（4）以黄桷缘民宿为实践对象进行景观更新设计

以本案例提出的设计原则与设计策略对黄桷缘民宿景观进行更新营造。使黄桷缘民宿景观发挥其最大的审美价值和经济价值，改善村民生活环境。优化乡村景观、吸引更多的游客，促进当地经济发展，实现村落的可持续化发展。设计以"自然共生"理念为指导思想，对本案例提出的设计原则和设计策略进行实践，实现人与自然的和谐共生，为我国乡村景观更新的生态发展提供新的实践案例，共同促进乡村景观的生态平衡，共建美好家园。

第 6 章

传承

乡村文化遗产保护与再生

6.1　乡村文化遗产保护与再生

调查和分析乡村的历史文化、传统习俗、建筑风貌等，将这些文化要素融入景观设计，以实现对乡村文化的传承和弘扬。景观设计师在设计过程中应该注重挖掘乡村的历史记忆和文化根脉，通过景观元素的引用和塑造，创造具有文化内涵和地域特色的景观空间。

6.1.1　文化景观理论

文化景观理论认为，自然环境和人文环境是相互联系的，乡村文化遗产保护与再生应该考虑到这种相互作用。保护乡村文化遗产不仅是保护历史建筑或传统技艺，也包括整个乡村景观的保护和再生。

（1）**整体性与综合性视角：**文化景观理论强调了对文化景观的整体性和综合性认识。文化景观不仅包括单一的文化遗产点或建筑物，还包括与之相关的自然环境、农田、村落结构、人文活动等多个方面。因此，在保护和再生乡村文化遗产时，需要综合考虑各种因素，并采取整体性的管理策略。

（2）**文化景观的多样性与特征：**乡村文化遗产涵盖了各种不同类型和特征的文化景观，如传统村落、古老农田、历史遗迹、民俗活动等。文化景观理论强调了对这些不同类型文化景观的保护和再生，以及如何在保护过程中尊重其独特性和多样性。

（3）**社区参与与共享治理：**文化景观理论倡导社区参与和共享治理的原则。在乡村文化遗产保护与再生过程中，应当积极吸纳当地社区的意见和建议，让他们成为保护与再生活动的主体，并与政府、专业机构以及其他利益相关者共同参与文化景观的管理和决策。

（4）**跨学科合作与综合研究：**文化景观理论倡导跨学科合作和综合研究。乡村文化遗产的保护与再生需要涉及建筑学、人类学、地理学、生态学等多个学科领域的知识和技术。因此，跨学科合作和综合研究有助于更全面地理解文化景观的复杂性和多样性，为保护与再生工作提供科学依据和支持。

6.1.2　遗产保护理论

遗产保护理论包括一系列的方法和原则，用于保护历史建筑、文物和传统技艺等。这些原则包括真实性、完整性、可持续性等，这些原则也可以应用到乡村文化遗产的保护与再生中。

（1）**社区参与与合作**：认为当地社区应当参与到文化遗产的保护与再生过程中，包括制定保护政策、规划项目、实施措施等，强调合作与共享资源的重要性。

（2）**文化认同与传承**：强调保护与再生应当尊重和保护当地文化传统与特色，促进文化认同的传承与发展。

（3）**整体规划与管理**：认为乡村文化遗产的保护与再生需要进行整体规划与管理，涉及空间规划、土地利用、建筑保护、景观设计等多方面内容。

（4）**跨学科合作**：强调保护与再生需要跨学科的合作与研究，涉及文化遗产保护、社会学、人类学、地理学、建筑学等多个学科领域。

（5）**政策支持与资金保障**：政府应当制定相关政策支持乡村文化遗产的保护与再生工作，并提供资金保障，以确保保护与再生工作的顺利实施。

6.1.3 地方发展理论

地方发展理论关注地区特色和资源的开发，强调充分利用当地的文化、历史和自然资源来推动地方经济和社会的发展。在乡村文化遗产保护与再生中，地方发展理论可以作为指导，促进乡村的可持续发展。

（1）**文化地理学理论**：这个理论关注地域内文化景观和遗产对地方发展的影响。它强调了地域性和文化认同对于社区凝聚力和经济活力的重要性。在这个理论框架下，保护和再生乡村文化遗产被视为促进地方经济增长和社区发展的重要手段。

（2）**地方治理理论**：地方治理理论强调社区参与和合作是推动地方发展的关键。在乡村文化遗产保护与再生背景下，地方治理可以促进政府、民间组织和居民之间的合作，共同制定和实施保护计划，推动地方经济和社会的发展。

（3）**文化经济学理论**：文化经济学理论探讨了文化和经济之间的相互关系。在乡村文化遗产保护与再生中，文化遗产可以作为吸引游客、创造就业机会、增加地方收入的经济资源。这一理论强调了文化遗产在地方经济发展中的重要作用。

6.1.4 文化认同理论

文化认同理论指出，人们对自己文化的认同感对社会凝聚力和发展至关重要。在乡村文化遗产保护与再生中，强调保护当地文化特色和传统，有助于增强居民对自己文化的认同感，促进社区的稳定与发展。

（1）**历史认同：**乡村地区的文化遗产通常承载着悠久的历史和传统，反映了当地社区的发展轨迹和演变过程。人们通过对这些历史遗产的认同，感受到与自己所处社区的深厚联系，增强了对乡村文化的认同感。

（2）**地域认同：**乡村地区的文化遗产与特定地域密切相关，反映了该地区独特的地理环境、自然景观和人文特色。人们通过对这些地域特色的认同，形成了对于乡村地区的情感依恋和认同感。

（3）**社区认同：**乡村文化遗产保护与再生通常需要社区居民的积极参与和支持。因此，对于当地社区的认同是推动乡村文化遗产保护与再生的重要因素之一。通过参与保护和再生活动，社区居民可以加强彼此之间的联系，形成社区认同。

（4）**文化身份认同：**乡村地区的文化遗产反映了当地居民的文化身份和价值观。通过对这些文化遗产的认同，人们可以更加清晰地认识自己的文化身份，并且感到自豪和自信。

（5）**可持续性认同：**乡村文化遗产保护与再生通常与可持续发展目标密切相关。人们通过对乡村文化遗产保护与再生活动的支持和参与，表达了对于保护自然资源、传承文化传统以及维护社区经济和社会稳定的认同。

6.2　乡村文化遗产保护与再生项目案例研究与分析

6.2.1　案例一：广西侗绣文化在民居改造中的活态传承研究——以三江侗族县平寨体验式空间设计为例

1. 广西侗绣文化的特征与现状

1）广西侗绣文化的特征

（1）广西侗绣文化的工艺特征

作为侗族的特色民族非物质文化遗产项目，整个侗绣文化包含了纺织、印染、剪纸、刺绣四个工艺流程。

①纺织工艺

长期以来，侗族女子自己种植棉花，每到棉花收获时节，勤劳淳朴的侗族姑娘对采摘来的棉花进行清理、除杂。虽然如今很多侗乡不再种植棉花，但在一些南侗地区如广西三江侗族自治县还是有许多人习惯用买来的棉花自己加工、织布。侗族女子从小开始学习纺织刺绣，最开始便是学习纺纱与拉线。侗族的纺织工序有很多，每道工序都会用到相应的工具与原料。从最开始的清棉，到用纺车进行纺纱，再将纺好的纱线用盘纱圈与盘纱架盘成"子纱"，再用手摇络车或者竹笼络车将盘好的纱线制成纱锭，期间还会进行煮纱与浆纱，最后再用织布机将加工完的纱线织成布匹或者花带，侗族常用的传统织布机大致有平织机、斜织机以及可随身携带的腰织机。

②印染工艺

印染工艺在我国拥有很长的历史，在《北史·僚传》中便有"僚人能为细布，色致艳净"的描述，由此可以看出，早在唐朝时期，侗族人就已经具有极高的纺织与印染技艺。如今，蓝染技艺在侗族地区依旧盛行。

侗族的妇女常以木桶或者硬质的塑料桶作为制靛和染色的容器，常用木桶盛水浸泡沤制好的蓝草至深蓝色，再将茎叶捞出并以石灰水搅拌形成土靛，后将其与酒一起倒入由山泉水、糯米草木灰以及辣柳制成的碱水中存放十数日使其发酵，制成染料。将纯手工制成的侗布放入桶中浸染，然后晒干，再浸染，如此反复历时三天。在染布过程中，每天早上还需在光滑平整的青石板上对晾晒后的侗布进行捶打，再重新染蓝靛，然后用木盆作为浆布的工具放入牛胶水中染，如此反复至少经过半个月至一个月的时间，便可染成色泽普通的侗布。在三江，侗族女子为了制作一种色泽亮丽的百褶裙，他们还习惯在裙褶上抹上黄豆浆、鸡蛋浆等浆料，再将之捶打数月，最终制成侗族最具特色的布匹——亮布。

③剪纸工艺

剪纸是侗族刺绣的一个重要环节，在刺绣之前，绣娘会预先把图案剪好，再根据剪好的图案样式完成刺绣，故而侗绣有个别称叫"剪纸绣"。从剪纸艺术中可以明显表现出侗族剪纸与北方剪纸的差异性，由于侗绣大多用于服饰装饰中，因此剪纸艺人所剪样式大多小巧而精致。

在广西三江侗族的每个村落中，都有着十几个手艺高超的剪纸艺人，这些艺人多为年龄较大的妇女。侗族妇女在进行刺绣之前先进行剪纸，不仅能够准确把握刺绣过程中的纹饰不走样，还能保存底图，便于复制与交流，从而一代代地传承下去。侗族的剪纸不仅要求在裁剪处保持流畅与圆润，其形状也要规范且写实。对于大部分传承人来说用几十年的时间重复做一件事，从工艺技法上已经十分成熟，甚至可以将心中所想的图案直接用剪刀剪出来。

④刺绣工艺

在刺绣前，侗族绣娘将剪好的底样平贴于布料或绸缎上，作为刺绣的依据。由于地理位置的原因，广西侗族刺绣与贵州、湖南地区的侗族刺绣虽为同宗，但也有一些细微的差异，在北侗地区如贵州锦屏县的绣娘擅长用盘轴滚边绣的技法进行创作绣品；广西侗族均属南侗，在刺绣技法上往往综合运用，最常用的是一种通过平针走线进行构图的针法，此种针法刺绣出来的绣品纹路光滑平整，称为平绣。其中，三江县同乐乡便以其破丝法的单针平绣使绣品更加工整细腻，因而享有"花都"之称。锁绣也是三江一种古老的技法，一般用在绣制纹样于女子的肚兜、背带上。此外，还有缠丝绣、盘筋绣等，在林溪一带还采用了贴花绣的方法制成各种各样的装饰品。

（2）广西侗绣文化的纹饰特征

古老的侗族并没有自己的原始文字，在历史的进程中，他们的文化传承大多通过将抽象的理解进行物化的形象以作呈现，其中纹饰就是一个典型的物化形象。纹饰的题材上不仅有他们在现实生活中所见的自然事物，也有从现实主观感受中提取的抽象几何图形，种种纹样均融入了侗族女子对于世界的认知。

长期以来，广西侗族人崇尚原始宗教，尤其是对自然与祖先的崇拜，通过这种民族的信仰与观念的指引，造就了形态多样的侗绣纹样。广西侗绣纹饰是在其与自然界的适应中形成的，常用的题材有动物、植物、景物与抽象几何四种。

在广西侗绣的纹饰均借用自然界的事物来隐喻人们心中理想的生活。如将青蛙、鱼、蜘蛛等形象表现在刺绣作品中，借以传达后人生命意识和祖先观念；也有以"蝶恋花""生命树"为主题形象喻示爱情与生育；又如经典的背带图案"八菜一汤"作为护身符，追求和平美好的生活等。

刺绣的创作中，侗族人通过经验融合各种针法，融合严谨且具体的构图形式，如单独纹样、连续纹样等，形成了独具特色的纹饰特征。在造型上，通常会将自然界的形象进行提取之后，对其基本特征进行写实或者抽象与夸张地呈现。在色彩上，因地域不同与个人喜好不同存在着一定差别，好彩者明丽清新，集多种色彩于一身；喜素者古雅质朴，多以蓝白、黑白等冷色面线为主。

2）广西侗绣文化所处的生态环境

（1）自然生态环境

广西侗族主要聚居于三江侗族自治县，三江境内有多条纵横交错的河流，古老的侗族村寨大多分布于江边的山地以及河流谷地区。由于这里为中亚热带南岭湿润气候区，因此雨热同期，冬夏分明。

侗族人主要从事农业，以种植水稻为主，同时在林业主要种植杉木林、竹林与油茶林等，杉木林为当地侗族居民建造住宅提供了非常丰富的材料；脆嫩、味美的三江竹笋让三江享有"广西竹乡"的美名。而茶叶现为三江重点发展产业，生产茶叶已成为许多当地侗族农民改善家庭条件的主要方式。

在这里，有品种繁多的动物资源，如鸟类中的金鸡、兽类中的猕猴等更是属于国家保护动物，多样化的动物品种为侗绣的创作提供了非常丰富的形象素材。

（2）人文生态环境

侗族人民主要以姓氏作为族群的区分方式，族群中的家家户户都以鼓楼为中心建造自己的住宅，聚集形成村寨。正因为这种村寨的布局形式，使得侗族人民具有很强的向心力，尤其看重内部的团结。尽管一个侗寨内包含几个姓氏，但是血缘亲近的人都集中住在一片，邻里之间也守望相助，当寨内一家人有难，其他人均从旁协助。在这种情况下，长久的群居生活让寨子里的人互相依靠，拥有共同生活的心理思想与行为习惯。侗绣便是在这种社会环境下形成的工艺，妇女们闲暇时聚在一起，相互间分享日常生活中的趣事，并将其体现在自己的刺绣中。

寨内没有明确的法律条文，但寨中已形成了约定俗成的相关规定，使得集体生活的人们形成了统一的价值观、审美观以及信仰。女性在侗族人中具有很高的地位，侗族人尊重女性，为侗绣个性化的形成提供了非常好的发展空间。在侗寨中，每个姓氏中都有自己的族长，由于集体生活的影响，侗族与外界接触较少，内部有以"款"为主的制度条例，一定程度上减少了中原文化对寨内文化的影响，致使侗绣文化呈现出一种原始社会的风格，透露着神秘且粗犷的色彩。

3）广西侗绣文化所面临的问题

（1）业态更新所激发的保护与传承的矛盾

近年来，广西侗族特色村寨旅游区的开发力度日益加大，侗族的特色文化也融入当地的经济发展，一方面推动了侗族村寨与外界的交流，提高了居民收入，另一方面也改变了侗族地区单一的产业结构。然而，在发展过程中出现的一些因不科学的开发现象导致文化差异性缺失、因过度商业化而导致的文化庸俗化等问题损坏了民族文化本身的独特性，严重的后果是会使其市场上的竞争价值大打折扣。因此，学术界对于优秀的少数民族传统文化发出"保守式保护"与"创新式保护"两种不同建议。

（2）工艺复兴与人才后备力量的矛盾

对于原生文化而言，城镇化引起的人口流失使侗族聚居村落中的手工艺人相对减少。当代的侗族女子中越来越少有人愿意去花时间通过工序繁复的侗族刺绣形成自己的主要经济来源，致使侗绣文化在发展过程中开始出现青黄不接的现象。因此，当代的侗绣艺术需要结合当代市场的整体倾向与当地居民的实际需求，更新传统的传承模式，以活态的方式与原始的文化空间重新融合。

（3）文化空间功能置换后的地域文化缺失

文化空间是在固定时间内人们举行相应文化活动的空间，对于刺绣犹如家教一般的侗族女子来说，日常的劳作就是在家中进行纺织与刺绣，民居自然而然地成为承载侗绣艺术的文化空间。然而，随着一些具有特色的侗族老建筑被划入重点保护对象，特色村落的开发使村民自发地对住宅进行改造而导致的人们创收方式变更，有些在外地工作的村民将自己的房子进行出租，或进行商业改造，作为民宿、茶馆、饭店等。虽然丰富与更新了民居建筑业态，但受现代文化的影响，文化保护意识薄弱的村民也会使原有的生活方式逐渐淡化，反而在民居空间中被注入了一些与原有文化空间截然不同的内容。

2．广西侗绣文化在民居改造中的活态传承策略

1）广西侗绣文化在民居改造中的活态传承可行性

（1）广西侗绣文化的业态变革

从目前侗绣工艺的发展来看，首先，智能化时代的到来，线上平台为侗绣文化的传播与工艺品的销售提供了新的渠道与机遇，在传统的自产自销模式上增加了客户选样、订购等销售模式。部分侗绣传承人开始着手搭建传统手工艺的传承与展示平台，如侗绣非遗传承人韦清花与女儿覃桂珍在三江侗族自治县县城经营了一家名为"清花绣坊"的体验店，对侗绣文化进行了有效的传播。其次，在工艺品的创作模式上出现了分工。由于不是每位侗绣传承人都擅长该工艺的各道工序，有的擅长印染，有的擅长剪纸，有的擅长刺绣。因此，在传承上她们会选择自己擅长的领域进行钻研，从而使侗绣工艺品的制作也打破了传统的一人独创模式，发展成为多人合作完成的新型模式，不仅使侗绣工艺品的产出质量有了质的提升，也促进了村民之间的合作关系。

（2）侗族民居改造中的功能置换

城镇化带来的人口流失使许多侗族的传统村落出现"空心村"局面，然而这与乡村旅游盛行的社会风气产生了矛盾。许多外出打工的村民不想因自家的住宅闲置而造成浪费，进而改造成为一家民宿，或出租作为酒馆、饭店等商业空间，而这种民居改造使其满足居住功能的基础上，变得更加多元化。民居空间功能更新的发展趋势使侗绣在受众群与传播的途径上更加多样化。

（3）相关设计案例分析

随着国内对于非遗项目的不断重视，以及人们对各地非遗文化资源的深入挖掘，许多地方将其作为当地经济发展的重要资源，尤其是在一些有地方特色非遗项目的工艺名城或民族地区的振兴策略中，更将其与当地的文化空间改造相结合，作为打造地方文化品牌的重要手段。

笔者通过对国内比较成功的两个非物质文化遗产运用于民居改造设计项目的实际案例进行调研与分析，总结和学习非遗文化在对民居空间业态更新过程中的活态传承方式，以及在民居改造项目中对地域性非遗文化的运用方式与表现方式，为本案例的实践论证提供了一定的设计方法借鉴。

①贵州板万村乡村振兴项目

板万村坐落在黔西南部的大山之中，是一个布依族村落。2016年，在当地政府的有力支持和积极配合之下，时任中央美术学院副院长的吕品晶教授带领团队对其进行整体改造。

改造中，除了对这个传统村落进行村落空间形象的统一与协调之外，也将"民艺兴乡"的思路贯穿其中。项目团队除了对村中的各种传统艺术进行调研，还了解当地非遗传承人在艺术创作时的需求，在村中有针对性地设置了相关表演及传承场所。在村落发展层面上，项目团队对村中的闲置民居进行改造，建立一座名为"锦绣坊"的集生产、展销及传承于一体的布依族锦绣织造场所，旨在通过丰富村民的创收方式，引导村民通过辛勤劳作促进村寨的发展。

②浙江松阳鸣珂里·石仓民宿

在浙江松阳县有6栋由夯土建造而成的老民居被改造为一家名为"鸣珂里"的民宿酒店。这些被改造的老房子多为清末民初时期的建筑，至今已经损毁严重，有的甚至成了危房。该酒店的项目团队凭借当地开展2016年"拯救老屋行动"试点项目这一政策优势，以及非遗项目多样化的文化优势，积极引导村民对老屋开展利用，对村中多座房屋进行改造，既可以自住，又新增住宿、文创、农创及展览等功能，以此带领村民实现共同富裕。其中，鸣珂里·石仓民宿就是这些非遗文化体验试点中一个非常成功的例子，它把传统文化砌在了民宿里，除了基本的住宿功能之外，还设置了餐厅、民间工艺体验室、衍生品展陈厅、品茗厅、文创书吧等空间。房间内的摆设，随处可见非遗文化元素，无处不体现着中国传统之美。同时，鸣珂里·石仓民宿还签约非遗传承人，聘请非遗项目豺虎画传承人郑王义为艺术顾问，定期举办文化沙龙，旨在将当地的非物质文化遗产对游客进行传承。鸣珂里以一种文化自觉的态度肩负起传统文化展示、保护与传承的同时，也在试图突破传统的创作模式，以文创的形式不断探索非物质文化遗产的发展方向，因此对于当地人来说，这里不仅是一家简单的民宿，更是带领他们走向致富之路的希望场所。

2）广西侗绣文化在民居改造中活态传承的原则

（1）地域性原则

侗绣作为独树一帜的非遗项目，体现了侗族地区自然及人文深刻的"烙印"，这种"烙印"具有唯一性与可识别性，自然环境的影响与当地居民所形成的生活习俗、独特的群体价值观等因素的共同作用下形成了具有地域性的文化特质。丢失了地域性特质，就等同于丢失了它原本的符号，没有了与其他文化相互区别的标准，就丧失了传承的价值。

（2）活态性原则

侗绣文化是以人为本的活态文化，活态性是它的存在形式。侗绣的价值体现在它能反映出创作者特有的内心情感与文化根源，其文化内涵只有通过人的活动进行表达。因此，无论是它的保护方式、展示方式还是传承方式都应该是活的，需要通过人的不断参与，而不是将文化进行单纯地记录或制作成一种僵硬的标本置于博物馆内保存。

（3）整体性原则

侗绣文化根植于侗族妇女的日常生活，和民居建筑一样，共同建构了侗族人约定俗成的生活方式。它是侗族文化的综合体，囊括了人物、空间、事件等多种因素。原有文化空间的业态更新或转型后，应该按照其内在的发展脉络和联系将侗绣文化重新根植其中进行非遗故事的叙述，这样才能将真实、流畅且全面的文化形象进行传承。对侗绣文化的讲述应该围绕非遗故事的内容进行铺设，从对"事件"进行重现的角度，把握传播对象表达的整体性。

（4）体验性原则

体验性原则以"人的参与"为核心，不仅包括感官上、行动上的体验，还有情感上的体验，强调在体验过程中的趣味性、互动性和启发性。侗绣文化作为活态文化，不仅包含了工艺品制作过程的体验，也蕴含了侗族人民的生活故事与民族情感体验。我们在对原有文化空间更新塑造的同时，应注重对民俗习性与文化符号不断进行解码与编码，关注体验对象与体验者之间的关系，以情景相融、寓教于乐的方式传播侗绣文化。

3）广西侗绣文化在民居改造中活态布景的方式

侗族民居作为侗绣文化原生的文化空间，在更新再造过程中，从宏观层面的布景方式上，应重点考虑侗绣空间如何以"活"的、"动"态的、可再生的方式呈现，在不损坏原有文化内核的基础上，实现空间的业态转型与可持续发展。根据前文对活态文化及其与文化空间关系的分析，在设计上应从品牌构建、叙事文本、情境体验三个方面对应到整体空间的活态布景策略。

（1）活态布景之"品牌构建"

侗绣是侗族文化中既提供物质产品又体现精神内涵的重要资源，但是在传播的过程中受多种因素的制约，在大多数地区并没有形成侗族的核心文化品牌，其中很重要的原因是在对外开放的文化空间中，其线下功能缺乏系统的产业链条规划，很大程度上制约了其对侗族村落积极作用的发挥。

要形成具有特色的侗族品牌，除了要保证文化传播过程中的原真性，还应结合民居改造过程中的业态更新，对失修的民居建筑进行加固修缮，对闲置的民居建筑进行重新利用，对在用民居建筑强化文化因子。在以空间的功能布景扩大活态文化传播的应用层面上，应从侗绣工艺的产业链条构成着手，在功能布置设计上，形成"展览—生产—体验—销售—餐饮—住宿"六位一体的产业模式，在方便人们娱乐消费的同时，完成传统文化的传播与继承。其中，需要当地居民相互合作，相互支持，实现空间的共享，形成集体化产业合作社，优化和扩大侗绣艺术的相关产业，如纺织、棉花种植产业等。在室内空间改造中，将多样化的功能设置与侗绣文化结合起来，以"动"态发展的新型业态结合当下"互联网+"的线上推广平台，如对于历史信息的展览运用现代信息技术，构建数字化的资源采集、管理以及文化展示的线上平台；而传统手工艺的传承人也可通过自媒体、社交媒体等新型媒体平台对侗绣文化进行推广，打破传统媒体的文化传播垄断局面；将网商平台介入侗绣产业的销售渠道，可以使侗绣的生产效率得到提高；通过对闲置的文化空间进行业态的更新打造成民宿、共享餐厅等功能，既可以与时代发展趋势相契合，传统的手工艺资源闲置状况又可以得到一定的改善。

（2）活态布景之"叙事文本"

以侗绣文化为主题的空间不仅满足生活的基本功能，也具有传递、分享信息的展示与传播功能。无论是在静态还是动态的展示过程中，最强调的是信息传递的高效性与精准性。而在空间设计时，设计者与参观者之间无法直接进行信息传达，只有借助具象化的空间形象来引导参观者的内心与行为，因此在进行以侗绣文化传播为目的的空间设计时，首先应以整体规划作为案例结构，正如文学叙事中的时空序列，通过不同空间下人的行为活动的先后顺序，影响其心理上的一系列体验；其次以空间中的各种形象作为造型结构引起观众的共鸣，两者共同构建整体的叙事结构。

在具体的空间设计中以叙事的方式形成交通流线。首先，开篇主要讲述典型的侗绣历史故事，调动观者的求知欲与探索欲。其次，发展部分以侗绣文化的活态传承为主线，按侗绣艺术的工艺顺序构建各个体验空间。再次，高潮部分以衍生、销售为一体的品牌空间，使游客亲身经历了一系列工艺体验之后逐渐高涨的消费需求得到满足。最后，在案例的结尾，引导人们在院中就餐与留宿，让观者能够亲身体验当地丰盛的美食以及多样的生活方式，融合侗绣的各种设计语言塑造侗族人的生活空间。

（3）活态布景之"情境体验"

活态传承的关键就是互动与体验，是以"可参与"的设计实现将观众从传统的欣赏者转变为参与者，在参与过程中感受、思考并给予反馈。而情境体验则是人与具有特殊意义的物质空间产生交流互动，促使人在其空间条件下产生行为，从而引发情感共鸣的方式。这种共鸣不仅是当地居民单方面的精神体验，也是以空间连接不同群体、连接脉络、创造社群、实现人与人之间的情感共享。

侗族民居中的各种情境往往蕴藏着解读该民族过往与未来的钥匙，在布景过程中应对当地人文历史进行深入地解码与凝练，通过主题的设定，形成蕴含记忆与联想的情境空间。在营造情境上，可从以下几个方面进行主题设定：

①生产情境

侗绣文化的生产情境空间是以侗族女子在家中劳作的生产场景为原型进行空间设计。对于侗族手工艺人来说，传统的家庭式创作模式已经远远不能满足当下的需求，应采取集体合作式的生产情景制定设计策略，而聚族而居的生活方式也为这种集体劳作、共享合作的模式打下了扎实基础。设计中将生产空间与体验空间相结合，以双向互动式的生产情景让人们能够亲身体验传统手工艺劳作的同时获得文化传承的乐趣，打破传统单一的展陈传播形式，同时利用流线将各个工序空间进行串联，突出工艺流程的关联性与次序性。

②生活情境

侗绣文化的生活情境空间是以侗族人民在日常生活中或乡里之间的生活场景为原型进行空间设计，侗族生活中各种有形的或无形的存在都有可能成为触发人们在文化情感上发生共鸣的按钮，如一口水井、一个火塘、一棵古树或一个声音等。在设计生活情境的主题时，应通过这种具象或者抽象的元素进行整合，打破时空的界限，增强人们对侗族生活的体验感。

同时，侗族民居既是侗绣艺术的文化承载空间，更是侗家人的生活空间，其布局与功能的置换会改变使用人群的生活方式，因此布景时应在还原侗族人生活场景的基础之上，结合当下信息化、智能化的时代背景，使侗族人的生活紧跟时代，同时也带给消费者更好的体验。

4）广西侗绣文化在民居改造中活态传承的设计方法

（1）利用侗绣艺术的情态语言塑造空间

侗绣艺术的情态是侗族人民在从事该工艺过程中所反映出来的一系列心理或生理活动的情形，洋溢着侗族人的生活气息，也表现出浓厚的精神内涵，却又依附于实实在在的建筑环境中。侗绣艺术的情态在空间中的表述方式是多方面的，但总是从人的生活出发，因此情态的因素更强调现实的活力，生活是不断改变的，地域情态也是动态的，在侗绣文化活态传承的空间表现中，可从以下几种情态进行表现：

①历史情态——追忆的共鸣

在历史的发展中，侗绣作为侗族文化与艺术的高度凝练，对其追根溯源，会发现背后隐含着许多生动的民俗故事。这些历史故事情态来源于人们的日常生活，依附在民居空间环境中，最终以文字或者画面的形式留存下来。在侗绣文化活态传承的过程中，对历史情态的讲述是勾起人们求知与兴趣的重要手段。而区别于静态的展示，在对这些故事重构进行活态表达时，需要引发观赏者对历史追溯过程中的共情，可通过符号化的空间实体进行演绎（如承载老物件的盒子象征着存放记忆的时光锦囊），再以直观的方式进行呈现，用具有行为引导的展示效果引起观展者的好奇心。

②生活情态——民俗的重现

侗绣文化的生活情态表现为侗族人的生活方式，包括衣、食、住、行各个方面，这些生活情态受侗族人日常生活中的行为路径影响。将生活情态运用在空间设计中，如对侗绣创作的场景进行形象化，绘制于各种空间材质中；也可以重构的方式，将侗族的生活场景进行重构，如火塘、古井、八仙桌等都是民族情感的外显形式。火塘的存在决定了侗族人传统的家庭聚会或接待外宾的过程中有着围合的行为路径，这种日常情态使空间具备了区分其他民族空间（如西方的壁炉）的行为特质，将这种行为路径重新融入空间，还原到人们的生活中，可以更容易形成人们在文化上的共鸣。同时也可以将侗绣艺术所衍生出的一系列民俗活动以及主观意识上编织而成的神话故事，如"百家宴""坐夜""打三朝""打糍粑"等作为灵感的源泉，经过重新编排再次以写意或者复原的方式还原到空间设计中，可通过身临其境的方式增强人们对侗绣文化的直观感受。

（2）利用侗绣艺术的造型语言塑造空间

侗绣作为侗族传统工艺创造活动中审美活动的重要体现，在造型上形成了独特的表现语言。活态传承的根本目的就是传递文化信息，在侗绣文化活态传承中的信息体验过程应当是多样化的，但其表现出来的视觉感受却是需要最简练也最直接的造型形象被人接受。因此，应对侗绣文化的地域文化符号进行挖掘，反复提炼与再利用，以重构、夸张、简化等手法形成明确的视觉造型进行空间的塑造。其中，可以从几个方面去塑造：

①纹饰运用形成造型

侗绣作为一种具有民族特色的手工艺项目，在历史的发展中形成了自己的纹饰特征，不仅体现在纹饰的种类与主体上，也体现在日常的创作中，这种美学法则已经在不经意间渗透入到侗族人民的审美观念中。这些纹饰都是人们对美好生活的抽象与隐喻。在形成空间的塑造中，可将具体的纹饰通过复制、夸张、转换等艺术处理方式，形成视觉上的造型效果，这是对侗绣文化最直接的表现方式。

②工艺解码形成造型

侗绣是拥有多个工序流程的非遗项目，从纺织、印染、剪纸、刺绣四个流程中可进行工艺上的解码。在不同的流程中，所用到的工具以及相应的技艺都可以经过直接或间接的方式形成空间造型。

③色彩提炼形成造型

侗绣文化的色彩构成体系有来源于自然界中的色彩提取、民俗活动中的色彩偏好、文化空间中的色彩呈现等。空间中的色彩体系可以进一步表达其中蕴含的文化特征并烘托氛围。在设计时，可根据每个空间的主题，从微观的角度去深刻挖掘侗绣艺术的色彩语言，突出色彩能赋予人情感层面的体验并运用到空间造型的塑造中。

（3）利用侗绣艺术的材料语言塑造空间

材料的运用是表现空间地域特色的重要手段，空间设计的过程中往往通过材料的各种搭配营造风格各异的空间氛围。在侗绣文化的材料语言转换中，有几种方式可对材料进行提取：

①从原生环境中取材

在空间设计中，通常采用当地的材料进行空间装饰，这是加强对其地域性表现最环保、经济、生态以及直接的重要途径。而运用不同材料可在肌理、颜色、材质等方面呈现新的形态，给人耳目一新的感觉。如广西侗族聚落盛产杉树、茶树和竹子，且侗族民居的建造形式使侗族人民心中形成了恋木情结，即便是一些对自家住宅以混凝土新建或改造的村民，在建筑顶层依然会采用传统的木构架形式，因此对原生环境中的材料进行利用可以让人产生更加亲近的心理感受。

②从工艺质感中取材

将侗绣工艺中的各个流程进行解码，会发现这些工艺除了其工具形象与生产行为形象之外，还有丰富的材料表达。如纺织工艺中的制作过程则展示了工艺产品从棉到线再到布的发展过程，这些过程中的材料变化通过形象化的方式表达在空间中可以形成多样化的空间效果。

③就艺术寓意取材

侗绣文化中许多图形图案都有其美好的寓意，如八菜一汤寓意和平健康；蜘蛛寓意平安喜庆；龙凤纹寓意婚姻幸福等，这些美好的寓意构成了侗族艺术形式的特征，散发着强烈的艺术感染力与独特的美学特征。然而，这些具有象征意义的元素符号很长一段时间都是作为一种意识形态而存在，只有艺术家凭借经验与情感进行创作将其转化为具体的形象时，它们才成为一件艺术作品。在对侗绣文化提取灵感时，同样的寓意通过不同的创作形式或与当代科学技术相结合，不仅是对民族创造的反映与宣扬，也是对侗绣文化更深层次的挖掘与创新。

3．广西三江侗族县平寨侗绣体验式空间设计实践

1）项目背景

2017年，广西三江侗族自治县的平寨成功列入第二批"中国少数民族特色村寨"。它是一个侗族村寨，当地凭借政策上的支持、地理与文化上的优势，将侗族传统村落风貌保护、传统文化建设、特色农副业产品基地建设、村民经济收入发展改革集合起来，努力组建具有区域特色的侗族文化与旅游创新项目示范基地。

2018年7月，广西进入"美丽广西"建设计划的战略部署中的集中推进第三个阶段。这一阶段任务之一要求在保护的基础上开发利用乡村文化资源和各地优秀的非物质文化遗产，突出民族特色文化的引领作用。

（1）区位概况

该项目位于广西三江侗族自治县下属的林溪镇平岩村，距县城大约19千米。村内有八个连城一片的侗族自然村屯，保留有较为完整的侗族人文景观与自然景观，俗称"程阳八寨"。项目所在的平寨是"程阳八寨"中的其中一寨，位于景区的中段。

村寨位于林溪河的一侧，在平寨内，民居以鼓楼为中心而建房屋，但随着旅游开发程度的不断加深，寨中的传统建筑景观受到了较大的威胁，拆旧建新的现象日益严重，村民为了适应当代生活质量的需求，新建的房屋中以砖砌建筑为主，致使原有的地域特色逐渐淡化。河道旧时为与外界交流的重要交通要道，现已少有船只经停，而高起的台坝以僵硬的方式隔绝了人与水的关系，河岸边杂草丛生。

（2）设计指标

本次设计占地面积约5300平方米，原始绿化面积600平方米。红线内部现有的8栋民居建筑是本次的改造重点，建筑占地面积1220平方米，总面积2628平方米，在这8栋建筑中，有4栋建筑为在用建筑，村民自

已居住或者用于出租，3栋为闲置建筑，以及1栋年久失修的建筑（图6-1）。

2）设计目标与定位

（1）设计目标

此次项目的设计主要围绕侗绣文化在民居改造中的活态传承为最终目标。结合广西三江侗族自治县平寨的发展政策，以"文化介入设计"的方式立足于平寨的实际情况，改变传统的民居业态，以营造村民共营的具有综合性强的民宿为功能空间载体，实现村民间的资源共享与合作。将具有侗族特色的非物质文化遗产传播方式结合社会智能化发展方向，利用现代媒体技

图6-1　平岩村鸟瞰图

术更新侗绣艺术的原生文化空间，与非遗传承人产生互动，实现线上与线下双平台同步激活侗族产业，构建侗族品牌，形成智能乡村的示范点。

（2）设计定位

本次设计以侗族民居改造的业态更新为基础，以侗族的特色非遗项目——侗绣的活态传承为设计主题，打造出功能综合性强的文化体验民宿，以适应当下时代乡村旅游的发展要求。

3）空间整体的活态布景

（1）活态布景之"功能构建"

在以侗绣文化旅游为主题的广西三江侗族自治县平寨民居改造项目中，采取线下功能与线上平台相结合的品牌构建模式。其中，线下功能结合"展览—生产—体验—销售—餐饮—住宿"六位一体的产业模式，结合场地现状，将园区红线内部的8栋建筑进行使用现状分类，并对整体的景观节奏进行重新规划。在具体的线下功能空间中建立了五大功能分区：入口集散区、展览科普区、工艺体验区、品牌推广区、餐饮住宿区。在整体的规划中，一层空间为公共活动区域，二层空间为住宿区域和侗绣展销的商业洽谈区域。除此之外，还对失修建筑重新加固，作为公共卫生辅助用房。

入口集散区，除了应满足入口标识与人群集散等一系列基础功能之外，该区域还是游客第一印象的来

源，可设置具有地域特色的形象标识，形成园区导视的同时塑造项目形象。

展览科普区位于入口起始区域，是侗绣文化活态传承故事叙述的第一个节点，结合动态的科普方式而打破传统的展示途径。同时以具有张力和共鸣的设计元素营造空间艺术氛围，以提高人们对历史故事的求知与探索欲。

工艺体验区是将生产与体验相结合的场所，是文化传承过程中最具活态性、体验性与参与性的空间，是项目中的主要建设空间，以侗绣文化的工艺流程为线索，为游客提供体验工艺品制作的场所，增加趣味性，能更有效地起到科普的作用，从而形成具有特色的线下品牌。

品牌推广区是游客参观体验结束后的消费购物场所，集工艺品展销与衍生产业于一体，也是人流较为密集之地，可为园区创造直接的经济收入。

餐饮住宿区为民宿游客提供就餐与住宿服务，是在平衡民居建筑传统的建造形制与人们当代居住需求关系的基础上，以原始日常情态在民居改造中还原侗族人民生活方式的场所，利用传统的行为文化路径塑造浓厚的侗族氛围。同时，住宿是民居改造项目中民宿类型最基本的功能空间，在对其设计时应对平寨的游客类型进行调研分析，以合理的客房户型配置方案应对灵活的市场因素。

（2）活态布景之"叙事流线"

在总体的交通规划上，笔者以空间叙事的方式将侗绣文化进行分解，以"起始—发展—高潮—结尾"的节奏作为整体规划，形成空间中的叙事流线。整体空间以"一线七主四次"的布局呈现，其中"一线"指园区的主要游览路线，以单向的游览流线贯穿入口至出口，从而引导园区观览秩序；"七主"指围绕侗绣文化活态传承为主题的主要叙事空间；"四次"指园区中具有点缀作用的次要景观节点。

在主要交通流线的叙事线索、方法与文本内容上，以下列节奏呈现：

①起始——入口集散空间与科普展览空间。该部分主要以倒叙的方式在游客对侗绣并不熟悉的情况下，以典型的侗绣相关传承人故事以及民俗故事进行讲述，从而对侗绣文化进行初步了解。

②发展——工艺体验空间。该部分主要采用顺叙的方式，将侗绣工艺的各个工序流程依次展开。此处是侗绣文化活态传承的重点区域，通过明确的交通流线有秩序地指引参观者体验侗绣工艺品制作的每一道工序，从而达到传统手工艺的传承目的。

③高潮——品牌推广空间。经过一系列的生产体验之后，参观者的消费注意力已经从工艺品的价值本身转移到体验过程的经验本身，欲望得到高涨。该部分采用补叙的方式，对参观者体验过的每一道工序进行衍生产品的补充与推广，以为其提供更加丰富的消费体验。

④结尾——餐饮住宿空间。该部分以直叙述的方式，让参观者能够从第一人称的角度去感受侗族人的生活情态。融合侗绣文化的设计语汇，表现侗族人的生活空间。

（3）活态布景之"情景空间"

侗绣文化活态传承的重心在于人的参与性，构建人对空间的情景感受，实现传承过程中人的切身体验。因此，在空间中，根据所制定的情景策略，在园区六大功能分区的基础之上，将各个建筑空间划分出若干个具体功能，并分别设计了具体的空间情景。

对重点区域的情景营造，大致可分为以下两种：

①生产情景

生产情景主要营造于工艺体验区，结合"家庭合作"的生产模式，分布在一层公共空间，依据工序展开分别为纺织体验空间、印染体验空间、剪纸体验空间、刺绣体验空间，这是侗绣工艺的集中传承区。在工艺品的生产区域，每个空间都有相应的传承人进行指导，游客从被动接收信息转变为主动参与感受、了解，通过体验侗绣的制作过程获得知识的传承。

②生活情景

生活情景主要分布在餐饮空间与建筑二层的游客住宿空间，是提供具有侗族特色的生活体验场所。这里通过将侗族的传统习俗进行提炼，以写实或写意的方式再现人们日常生活中的各种文化符号。同时在景观营造中，保留一些具有记忆因素的文化载体，如原有场地上的古井，进而增强当地的生活气息。

4）侗绣文化活态传承的空间塑造

（1）入口集散区

入口集散区作为园区的主要入口，是游客到达园区的第一印象，对观光游客起集散作用，是园区内与外的过渡衔接区域。在入口服务空间的功能设置上，主要有大门、集散广场等。

入口大门的设计应具有明显的标识功能，在入口的设计中应去繁取精。本设计从侗族传统的亮布服饰中提取色彩，使用传统的石材、麻绳等结合现代材料如钢材等对入口标识进行塑造。通过字体笔画的错位表现一种活力感，以增强游客对园区的游览兴趣。

（2）展览科普区

展览科普区是侗绣故事讲述的开篇，以"智能化+艺术"相结合的方式塑造空间，为准备体验侗绣工艺的游客进行初步的科普，从而激发人们的好奇心。

①造型的塑造

笔者以"记忆盒子"作为空间单元的基础符号，比喻被淡忘的古老手工艺封藏在盒子中等待重新打开。展示厅入口便是展示侗绣历史影像的展示架，展示架的造型由侗绣文化空间中的传统穿斗结构经过提炼演变而来，视觉中心通过展架的纵深感营造一种类似于时空隧道的效果，但因保留原木的材质肌理，整体空间营造出一种朴素的色彩。

②情态的塑造

在展厅空间中，着重表现侗绣文化的历史情态以展示侗绣文化的相关历史与传承人故事，通过对历史故事追忆的过程而引发人们情感上的共鸣。因此，在展示的过程中，历史画面通过在屏幕上"动态"投射的方式，为游客提供一种立体且动态的视觉体验。在屏幕上不断投射侗绣手工艺人劳作的场景，这些场景每隔一段时间会向后方的屏幕移动，引导游人跟随自己感兴趣的画面行走以继续观看，形成动态的观展过程。在此过程中画面逐渐消失，暗示古老的非遗记忆正在消失，引导游人内心情绪产生变化。同时，用"盒子"的形式改变传统的悬挂式历史文本展陈方式，通过减小展示面的方式，形成一种探索的展示方式，以刺激观展人的求知欲和探索心，化被动接受信息为主动探知信息。同时，在每个盒子的基础单元中，结合当代的新媒体技术如全息投影等形式塑造立体的、可触摸的互动型展示架，从而带动观展者与空间、展品三者之间的互动。

（3）工艺体验区

工艺体验区是广西侗绣文化活态传承的主要场所。为了使体验者更加了解侗绣工艺流程与创作脉络，在空间布局上结合广西侗族现有的侗绣艺术多人合作的创作方式，将每个体验空间分散于独栋民居的一层空间。根据侗绣工艺的制作流程，将体验空间分为四个部分：纺织体验空间（图6-2）、印染体验空间、剪纸体验空间与刺绣体验空间。

①情态的塑造

设计中将传统的生产空间更新为对外开放作为体验项目，营造一种当代的生产生活情景。每个空间通过游客参与体验、非遗传承人的现场展示技艺与指导、制造工艺过程中的行为等动态场景来塑造侗绣的生产生活情境，配以相应的制作过程，以简笔画配文字的形式表现在局部空间界面之上，强化文化传承的深度。

②造型与材料的演变

在空间表现时，主要通过侗绣的纹饰演变以及工艺制作过程所用到的工具与材料营造空间氛围，并将

图6-2　纺织体验空间效果图

侗绣文化的生产生活情景进行抽象与重现，根据新的功能进行材料的替代。如侗族的社交场景中，大多呈现出以火塘为中心围坐的现象，空间中可根据这种行为路径设计家具，从而再现传统的生活情景。

（4）品牌推广区

品牌推广区是园区内获得经济收益最大的区域之一，在经历完整的文化体验后，游客更愿意通过结合自己的经验来进行更加愉悦的消费体验。这正是广西侗绣体验式空间的一种重要价值体现。

品牌推广区主要由两大功能区构成，一为衍生品售卖区，主要用于展示、售卖寨内侗绣艺人制作的一系列相关衍生产品，同时为游客提供一个体验制作侗绣工艺品之后的售卖平台，以此刺激消费者对侗绣工艺制作的参与性。二为侗绣艺术品展销区，主要用于展示当地绣娘精心刺绣的传统艺术作品。在这里除了陈列售卖刺绣品之外，更是一个游客信息交流、侗族文化品牌推广的平台，在多元化服务模式的需求下，与当地主流产业相结合。在空间的塑造中，笔者依然以"记忆盒子"作为基本形进行灵感的演变，构成展柜、吊顶等各种形态，塑造一个功能综合性强且具有趣味性的品牌推广空间。

（5）餐饮住宿区

根据园区空间的使用人群定位，餐饮空间与入口接待空间同属一栋建筑，设置两个出入口，一处与前台相连，另一处位于南部的园区出口处，为游览完园区的游客提供就餐服务。

在空间的氛围上，以营造浓郁的侗族生活情态为主，如选择侗族喜闻乐见的八人圆形桌，还原侗族环形而坐的这一传统生活情态，让游客加深对侗族传统生活的接触与感受。餐饮空间融合当下智能化时代的特点，营造新的生活情态，采取智能设备点餐的就餐模式，简化传统的就餐流程，使空间中的送餐流线更加简洁、顺畅（图6-3）。

游客住宿空间主要位于采光较好的二层与三层，共11个房间，根据园区的人群定位，在客房的种类与配置上主要以标间为主，家庭套间为辅，其中标间以双床标间为主，大床标间为辅，以灵活适应市场多变的可能性（图6-4）。

图6-3　餐饮服务空间效果图

图6-4　客房效果图

在住宿空间的塑造中，以侗族鲜明的地方文化传统和民族情调来营造空间氛围，并将侗绣文化的设计语言进行提炼，演化到具有实用价值的室内陈设之中，在美化与丰富室内环境的同时，也起到了侗绣艺术衍生产品的推广与销售作用。同时，将"火塘"与品茗空间相结合，以新型的材质与接近侗族传统生活气息的造型进行塑造，为旅客打造一种现代与传统相结合的侗族生活体验。

4. 小结

本案例通过对侗绣文化及侗族民居的生态型开发与再利用进行分析论述，并用民族非遗传承研究、空间重构理论、设计扶贫理论等理论相结合的方法，对广西三江侗族自治县平寨的侗绣文化发展现状进行分析，归纳总结出目前侗绣文化及其原生文化空间在更新转型过程中存在的问题。

通过对问题的论述，本案例以侗绣文化为中心，以活态传承为目的，深入学习了相关的民风民俗，对其原生的文化空间——民居进行改造设计。本案例的创新点在于从非遗个案差异化应用研究的角度，在侗绣文化"活态传承"为核心的基础上，讨论了活态文化、空间布景与设计应用之间的关系，从而提出了对相关政府以及同类设计项目有实效推广意义与参考意义的方法，本案例的主要结论如下：

（1）侗绣文化作为一种"活态文化"，在传播的过程中始终要保护其"活"的本质属性，这种属性不仅表现在非遗项目本身，也体现在承载侗绣的文化空间，两者相互支撑，相互依存。因此，要实现侗绣文化的活态传承，需要从工艺的传承、空间的活化、产业的完善、体验的秩序等方面整体规划。

（2）通过对相关案例的分析研究，形成了侗绣文化的活态传承策略，在宏观的空间布景方式上，着重从三个层面去考量，即：①活态传承的实现在于构建符合时代发展的特色品牌。品牌的构建主要通过线下空间的功能定位与线上平台的推广来实现，两者相互结合，相互补充。②活态传承的过程应遵循有序的叙述文本。信息的传播有内在的规律性与节奏性，叙述文本对人行为活动具有重要引导作用，从而提高人对传承内容的接受效率与精确度。③活态传承的关键在于体验与互动，"动"的因素造就了活态文化的根本属性，表现为物动和人动，因此营建具有文化情境的动态体验空间是实现活态文化可持续发展的重要手段。

（3）在具体的空间设计应用中，应着重表达以人为中心展开的"活"的空间情态，即历史情态下不同群体对于追忆的共鸣，生活情态中侗族人的民俗活动。同时，对侗绣文化在造型、材料上进行设计元素的提取，结合设计策略灵活地应用到对该地区的民居改造项目设计中。

最后，通过将理论分析以设计成果的形式进行展示验证，笔者总结得出，所谓活态传承，不仅是让非遗文化活起来，也是让文化空间活起来，让文化背后的故事活起来。活态传承所强调的体验不只是非遗创造过程中的生产性体验，更应该结合实际情况，结合当地的产业动态，对活态文化中的生活情境进行还原，在原有的文化情境中活起来。

秦鸿源

1．遗产活化视角下"西兰卡普"文创园空间分析

1）"西兰卡普"文创园空间基本特性

根据文创园的概念属性，包括对以上案例的梳理、现状的分析，可以总结出几点"西兰卡普"文创园在空间功能上的基本特性，包括其本身需要承载的文化性，创造经济效益融入当下社会生活的商业性，需要满足多种人群不同功能的综合性，以及有较高审美的艺术性。

在"西兰卡普"文创园空间设计上要以土家族传统"西兰卡普"织物的设计美学理念与吊脚楼的土家族民族文化属性为核心，商业性为内在发展的驱动力，综合性为特征，艺术性为活化手段。

（1）文化性

从广义上说，文化是与人类相关从而产生的物质及精神情感。从狭义上说，文化是人类社会在发展过程中产生的种种精神财富。文化是一种由民族发展而产生的独特传统习俗、思维方式和价值观念所构成的社会历史现象。对于设计的文化性来说并不是单纯地满足"文化"概念属性，要更多地体现创新，在对过去文化传承的基础上加以创新发展，这样才能达到文化遗产的活化。

"西兰卡普"文创园首先需要满足土家族文化传播的目的。这就要求"西兰卡普"文创园在空间布置上以文化展示或与文化活动相关空间为文创园的主要设计部分，与"西兰卡普"文化直接相关的空间要占整体空间的60%以上，而在其他业态空间中也需要有"西兰卡普"文化的内涵。

（2）商业性

商业性是指人在社会中以平等交换为前提发生的一系列以营利为目的的经济行为。与之相对的是非营利的慈善活动、公益活动等。"西兰卡普"文创园中以营利为主的相关业态都属于商业性范畴，如织物的生产、文创产品的制作与销售、主题餐厅、主题民宿等。这些具有商业性的业态空间是将"西兰卡普"真正"活化"的场所，使"西兰卡普"重新焕发生机。"西兰卡普"文创园商业性空间需要占整体文创园空间的次要地位，而商业性是区别文创园与博物馆的关键属性，文创园与博物馆都是立足于保护和传承文化，但不同的是博物馆几乎不具备商业属性或者对于博物馆来说商业性可有可无，而文创园在保护与传承文化的基础上一定要具备一定的商业性。

（3）综合性

综合性是用来描述将不同种类的事物归纳在一个整体系统内的状态。"西兰卡普"文创园在空间业态上应该包括制作空间、展示空间、研学空间、文创产品销售空间、主题活动广场、主题餐饮空间、休憩空间、户外空间等。以"西兰卡普"为根源将众多空间统一，集休闲娱乐、文化展示等功能于一体式开放空间，这些功能业态体现出"西兰卡普"文创园业态的综合性。

（4）艺术性

艺术性是产生于人类社会文明的发展，以情感和想象消解机械的、冰冷的科学技术发展导致对人的异化。艺术性需要通过独特的构思，用富有表现力和感染力的艺术形式引发受众的审美体验，包含艺术性的作品往往与作者想表达的思想紧密相关，艺术作品是其精神思想的产物，而作品的艺术性又将作者表达的思想进一步升华。

"西兰卡普"是土家族传统织物艺术中的瑰宝，在"西兰卡普"文创园的空间设计中要充分从"西兰卡普"的织物中提炼艺术形式及美学内涵，将其解构重组并运用现代审美和设计语言予以表达。

2）"西兰卡普"文创园室外空间分析

（1）空间美学感知

土家族的传统民居以吊脚楼最为出名，吊脚楼是土家族在长期社会实践中创造出来的一种具有民族特征的传统民居，被许多专家和学者誉为"活化石"，是优秀的土家族文化遗产。同时，"土家族吊脚楼"的建筑形式也最能表达土家族文化的气质与内涵，所以在"西兰卡普"文创园空间的建筑载体上应选用传统土家族吊脚楼的建筑形式。

①土家族吊脚楼实用之美

为了克服独特的气候与恶劣的自然环境，土家族先民运用自己的经验和智慧创造了吊脚楼这种独特的民居建筑形式。作为被环境"倒逼"的产物，土家族吊脚楼具有强烈的在地性与实用性。

武陵山地区多陡峭的高崖，适于种植粮食作物的土地十分珍贵，为了最大限度保留可用耕地，土家族先民不得不将居所建在斜坡上。在对民居的规划上，土家族先民将斜坡一部分土方挖掘平整以便使一部分地基作为建筑的地面承重部分。当坡度较陡时前部挑空区域减小，吊脚支柱增长。所以，吊脚楼非常适合高差变化大且不规则的山地区域。吊脚楼以背靠大山面朝外的形式居多，所以又有良好的通风采光，对于空气湿度较高且四季温差较大的西南地区，吊脚楼十分符合土家族的生活环境，这种因地制宜配合自然规律的建筑形式体现了吊脚楼的实用之美。

②土家吊脚楼形式之美

土家族吊脚楼从实用角度出发所形成的独特形式和别具一格的风格特征又给人传达出一种极强的艺术美感，主要体现在以下两点：

A. 色彩之美

从微观上看，单一吊脚楼可分为屋顶部、中部、基座部。屋顶部多以传统小青瓦覆盖。小青瓦在我国西南地区的传统民居建造中十分常见，也常常被叫作"手工瓦"，在土家族吊脚楼的色彩美学中属于冷色的重灰，给人一种朴素、沉稳、冷静、古朴的美学感受。

吊脚楼中部多采用杉木，在土家族吊脚楼的色彩美学中属于暖色的中灰，这部分色彩占吊脚楼色彩的主要部分，原木的暖黄灰色具有快乐、活泼、希望、光明的特点，同时又给人以辉煌、欣喜的效果。土家族吊脚楼基座部分常常以砖石垒砌，在土家族吊脚楼的色彩美学中属于浅灰。几种色彩搭配调和呈现出强烈的层次感。从宏观上看，土家族传统吊脚楼民居的色彩与周围所在的山野翠色形成鲜明的对比，在翠绿的山林中十分明显，所有的建造材料都取自周围的自然环境，可以很好地与周围自然环境相契合，达到"明显而不刺眼"的效果。

B. 形态之美

土家族吊脚楼的建筑形式可以归纳为上部的三角形与下部的矩形相结合。三角形是所有多边形中最稳定的形状，给人以平衡、稳定的视觉感受。同时，三角形在视觉上也会有动感、突破、向上的动势。而矩形往往有着较强的序列感，柱与柱之间又将整体的矩形分割成若干个矩形，门窗同样也可以被归纳为矩形，这种矩形与矩形之间的变化给人一种强烈秩序感的同时又富有变化，传达出一种庄重、雄健的美感。

土家族吊脚楼挑空的部分也传达出富有强烈动态的美感。这种挑空的形式打破了山体陡坡的走势，在视觉上给人以强烈的冲击感，形成了独特的起伏变化、突兀俊俏的建筑轮廓，具有极强的艺术表现力。

土家族吊脚楼常常以聚落的形式共生，整个聚落的建筑单体相互依靠、堆叠，形成一幅富有韵律的图画，而细节上每栋建筑的不同又赋予整体聚落活泼的弹性和节奏，村落整体形成的天际轮廓线优美且生动。

（2）空间环境划分

传统土家族吊脚楼中间的正房叫作"堂屋"，通常作祭祀祖先、迎宾、婚丧嫁娶之用，堂屋也是土家族吊脚楼最中心的位置。堂屋是开放式的，没有多余的窗户和吊顶，可以直接看到建筑的内部结构。

土家族吊脚楼的建筑平面形式可分为"一"字式、"丁"字式、"凹"字式、"回"字式、自由式。

"一"字式吊脚楼，是土家族吊脚楼最基本的空间形式，其他几种空间形式都是基于"一"字式的变式，由于"一"字式空间没有过多的变化和转折，所以最为简洁、实用。

"丁"字式吊脚楼，因其外形酷似钥匙的端部故又称"钥匙头"式吊脚楼。"丁"字式也就是单吊式，即有一边的厢房悬空吊脚，多为左边厢房单吊，整体平面如同顺时针旋转90°的英文字母"L"。

"凹"字式吊脚楼，即双吊式吊脚楼，平面布局如同"凹"字形，在"一"字式吊脚楼的基础上以中心为对称轴在两端厢房悬空吊出。

"回"字式吊脚楼，在"凹"字式吊脚楼的基础上将两端悬挑的厢房加建一个"一"字式吊脚楼，使顶部连成一体，悬挑的厢房下部中间即入户大门。

自由式吊脚楼，指没有特定的规则，不讲究正房、厢房，平面依功能自由划分，具有灵活自然、不对称的特点。没有固定模式，尤其是在城镇的吊脚楼更突破了山地地形的障碍，平面形状更加无拘无束，堂屋、卧室、储物室、厨房等自由布置。

土家族吊脚楼建筑空间形式多样，从立面来看，以三层吊脚楼最为考究。底层通常作为饲养家禽或堆放生活杂物的场所，因为底层通常是二层挑空所形成的灰空间，既通风良好也保证了二层空间的干燥，隔绝底层的潮气。二层通常作为一家人生活起居的主要场所，二层空间所承载的功能对于整栋建筑来说十分重要，它承载了一家人的主要生活行为，包括休憩、学习、娱乐、待客等。三层主要用于储存粮食作物或者农具等。这种建筑功能的分布带给吊脚楼一种节奏感，一层与三层在视觉上给人传达出一种通透的"虚"，而二层因其多为居室所以比较封闭，在视觉上给人一种厚重的"实"。整体上看，土家族吊脚楼整体建筑空间完美地表达了空间上的"虚实结合"。

3）"西兰卡普"文创园室内空间分析

（1）"西兰卡普"的符号化特征

符号伴随着人类社会发展而来，符号是一种抽象的象征物，用来指代某件事物或行为，它承载的是同类文化系统中的信息交流，通常以文字、图形等形式存在。而符号化就是将某个事物变成符号的过程。

"西兰卡普"织锦在编织中常常运用抽象简化的方法将现实社会中的自然事物或吉祥祝福符号化，加以运用在"西兰卡普"的纹样编织中，例如大刺花纹、禾苋花纹、白虎纹、四十八勾纹等，多达200种。其中以"四十八勾"最为常见，内圈八勾，中圈十六勾，外圈二十四勾，合计四十八勾。这些图案反映出土家族先民高度的审美观念和民族精神。多样的纹样表现了土家族人民具有从自然生活事物中发现其独特之美、大胆创作的能力，以及土家族人民极高的艺术造诣。

"西兰卡普"纹样有许多种分类方式，例如通过题材可以大致将"西兰卡普"织物分为两种。第一种是对自然景物、飞禽走兽、人物故事等的写实表达。土家族在历史发展中没有发展出本民族的文字，所以土家族历史传承与记录的功能往往通过其他形式体现。而"西兰卡普"织物就对传承历史有着一定作用，其中最具有代表性的就是"台台花"。"台台花"这一纹样主要用于儿童被盖及儿童服饰上。台台花的纹样是人面纹、小船和海浪，人面纹代表着人类的祖先，小船象征着祖先的藏身之处，而海浪则象征着洪水滔天。"台台花"的纹样不仅承载着土家族神话传说中关于土家族人繁衍的传说，也反映了其具有记载土家族历史的作用。

第二种是表达生活用具、花卉植物等，比如四十八勾，最常用的是单八勾和双八勾。这些纹样都反映了土家族人民对太阳的崇拜，纹样由一道道线条构成，层层叠叠，代表着太阳的光辉。而卷草纹的线条，则被一条直线和一条斜线取代，形成了"西兰卡普"的纹样。这种现象的产生，说明土家族人在吸取外来民族的图案后，将其转译为土家族语言，用以描绘土家族生活中的动植物、民俗、生活用具等，充分体现了土家族人的聪明才智。清代雍正年间，土家族人也逐渐被汉族的文化所感染，部分纹样也吸收了汉族人常用的语言和图案，是"西兰卡普"中的一种特殊纹样。

在"西兰卡普"文创园空间的设计上要从"西兰卡普"的纹样中汲取符号元素，用现代审美的艺术手法加工并将其简化，形成单一符号应用在空间布局及室内装饰装修中，以表达对于"西兰卡普"织物的传承及活化。

（2）"西兰卡普"的美学特征

①构成美

在"西兰卡普"纹样的构成中主要是抽象的几何纹样，其中多为中轴对称的连续纹样。以三角形、菱形、方形为基本元素，而斜线纹样是以特殊角度的线斜织，如30°、60°、90°所组成的特殊纹样主要用来表达水的波纹或者蛇的形状。"西兰卡普"的织布师并没有受到平面结构的影响，但在织布时，他们无法表现出圆滑的线条，只能用直线和斜线来代替，并按照一定规则不断地编织。

"西兰卡普"纹样还有一种独特的均衡之美，这种均衡协调的美感不仅仅是简单地将图案中轴对称，而是通过纹样的摆放、图底之间的留白、图形形态的呼应，在视觉上得到一种均衡的稳定。

②色彩美

土家族对色彩的审美偏好也反映在"西兰卡普"织物上，"西兰卡普"在色彩搭配上有一首歌谣"黑配白，哪里得；红配绿，选不出；蓝配黄，放光芒。"其表达了"西兰卡普"喜用对比色，常常以黑白衬托，以黑色的装饰线条衬底压边，且喜用暖色表达出艳而不俗的艺术效果。"西兰卡普"中常用五种颜色，以黑白为基础，加上红、黄、蓝共五种颜色，所以也被称为"五方正色"。几种用色非常考究，以"二十四勾花"为例，整体色调为暖色，浅红灰色为底，辅以深棕色、鲜红色为图形拉开色彩的层次，在同一暖色的色相中又有不同明度和纯度的色彩变化，同时运用较强对比的蓝色压边，使整个织物的色彩具有非常强烈的层次感。

通过对"西兰卡普"织物美学的分析可以得出土家族的审美偏好，将这种"西兰卡普"的艺术风格提取，包括对"西兰卡普"的色彩提取以及织造风格加以提炼运用到"西兰卡普"文创园的室内设计上。

③实用美

"西兰卡普"表达土家族人独特的民族文化信仰以及与对自然的敬畏与精神寄托，是民族图腾文化的产物。既实用又美观，它不但以其持久、耐用、美观成为土家族婚俗的重要内容，而且在那些令人赏心悦目的嫁妆和新房装饰里，特别出众。"西兰卡普"自古以来就是土家族人民生活的一个重要组成部分，由于制作难度大、生产数量有限的特点深受土家族人民的喜爱。"西兰卡普"也与土家族民俗紧密相融合，在土家族"摆手舞""土家傩戏"等民俗活动中也有出现。在"西兰卡普"文创园的整体布局上要考虑为"西兰卡普"的"活化"及应用提供互动、展示的舞台。

（3）土家族精神文化场域特征

①火塘：人类文明开端的标志是对于火的使用，随着人类社会的稳定人类聚落也相对固定下来，对于火的使用场景逐渐从室外不固定场所转移到固定的建筑室内，火塘也就应运而生。火塘也被称作火坑，是在人类居室建筑内的地面挖出土坑，在土坑四周以砖石等材料砌筑，在中间区域生火用来取暖、做饭、祭祀等。在我国南部地区的传统民居中以土家族等民族为代表，火塘是传统民族居住建筑的核心，有俗语称"火塘是土家族人民房子的心脏"。土家族人民对于火塘的使用也逐渐从单纯的利用到精神场域的转化，火塘不仅是土家族民居建筑的核心还是土家族民族精神的核心。在我国重庆东南、湖北恩施等地区的传统土家族民居中仍然保留着开敞式火塘的居住文化。

②堂屋：堂屋作为土家族吊脚楼最中心的位置，比其他厢房更为高大。土家族与其他专门设立家族宗祠的民族不同的地方在于，普通土家族民居内通常将住宅最中间的正房设立为家祭、摆放神龛香火的堂

屋，除了祭祀神灵与祖先之外也用于接待客人。

在"西兰卡普"文创园空间的设计上也要提取土家族对于火塘的精神意向与堂屋的空间形式，将这种具有强烈土家族精神气息的空间形式与具有"西兰卡普"美学理念的室内装饰装修结合形成土家族精神文化场域，极大地烘托出了民族氛围，为最终达到"造意境"的层次埋下伏笔。

2．遗产活化视角下"西兰卡普"文创园空间设计策略

1）"西兰卡普"在文创园室内空间设计中的应用原则

文创园空间设计需要具体的原则对建筑形式、空间功能、空间要素、人流动线等要素进行指导设计。

（1）取其形——从平面到空间的原则

"西兰卡普"作为传统织物，其图形往往是以平面形式呈现于物品表面。在室内空间设计中，设计师要善于从"西兰卡普"中提取标志性的图形符号，并将其符号化，对"西兰卡普"特色图形的再利用往往不是对传统的原样照搬，需要设计师对传统符号分解重构，用现代设计手法和当下先进的科学技术等方式使之能与当下审美产生共鸣，而不是简单地将符号元素堆砌。符号不断地与空间对话，使游客在游览过程中不断地强化这种视觉感受，呈现出高度的和谐。在这种传达的过程中，要尝试突破传统二维平面的设计构图，传统的室内空间设计界面的范畴以顶棚、地面、墙面为主，在此基础上尝试向三维立体空间中转译，形成独特的室内景观效果。

（2）承其色——从配色到基调的原则

"西兰卡普"在配色上也有极高的艺术造诣，而这种对于色彩的审美原则也可以运用在"西兰卡普"文创园室内空间设计中。"西兰卡普"以黑、白、黄、红、蓝为主要颜色，在色彩的搭配上，土家族喜好鲜艳明亮、气氛热烈的艺术效果。因此，这种对色彩的理解催生出土家族人喜好用对比色来制作"西兰卡普"。但大量对比色的搭配会给人刺激、疲劳的感觉，而土家族人民在对比强烈的色块之间加入黑色或白色的线条进行编织，用黑色、白色这种不带色彩倾向的中性色可以很好地中和两个对比色之间的生硬、疲劳感，使画面整体和谐统一。所以，在"西兰卡普"文创园室内空间设计的色调上应沿用土家族对于暖色的喜好，要以暖色为主要基调，结合局部的冷色进行冷暖对比，用黑色压边以体现出土家族人民对色彩搭配的传承。

（3）传其神——从织物到文化的原则

"西兰卡普"文创园空间的功能不仅仅局限于展示、商业等目的，更多的是要传达其所承载的时代印迹

和文化属性，所以在"西兰卡普"文创园室内空间设计上要通过吸取织物所透露出来的文化气息以及美学原理，以此来渲染整体空间的土家族文化氛围，给游客们带来更高级的精神文化体验。这是设计师所追求的最高成就，从造空间到造意境，通过不同维度的表达，运用夸张或含蓄的表现手法，充分表达土家族的文化内涵，这种对于文化的"传神"是更加隐喻的、更加具有象征意义的。

2）外在形式与文化内涵相结合的设计策略

（1）纹样与色彩的凝练

对"西兰卡普"织物与土家吊脚楼的形象进行提取并加以转译，是对土家族这两种非物质文化遗产活化最重要的一步，只有在设计的过程中使用现代材料、提高审美价值，才能使这两种非物质文化遗产真正融入现代生活，与当下社会接轨。

①色彩风格：通过对"西兰卡普"织物的色彩构成进行提取转译，在室内空间要以暖色为主，黑色压边。同时，要从几个具有代表性的"西兰卡普"织物中提取具体的颜色作为室内空间的色彩要素，黄灰占比44%、重灰占比22%、红色占比10%、灰色占比14%、黑色占比10%。

这种将其他类型的艺术品作为灵感来源，从而抽象出独特的美学风格并应用在设计中的手法由来已久。例如，零末空间设计工作室以蒙德里安的著名作品《红、蓝、黄构图》为灵感概念，将这种独特的艺术风格跨界应用在室内设计中。作品以红、蓝、黄的几何色块，通过几何穿插的构图方式，形成十分具有视觉震撼的作品，零末空间设计工作室的这件作品就充分吸取了这种艺术美学，把握色彩与线条之间的美感。室内设计中以白色乳胶漆墙面涂料为主，在隔墙、横梁等位置用纯色的红、蓝、黄加以调和，形成了一种简约又不失内涵的设计美感。

②纹样构成：我国的传统文化丰富多彩，对于纹样的创作也有许多优秀的作品。例如，青铜器上常用的"饕餮纹"，汉代瓦当上常用的"四神纹"等。石柱县的火车站地面铺装上就有这种形式的纹样铺装，为了表现土家族自治县的民族特征，在石柱火车站外部广场的地面铺装中采用了土家族白虎图。土家族普遍信奉白虎，土家族人民认为自己是廪君的后代，而廪君死后化为白虎，因而土家族人民对于白虎有独特的情感。这种以土家族白虎图腾作为地面铺装很好地烘托了石柱县作为土家族自治县的民族历史文化氛围。

"西兰卡普"织物中也有许多十分优美的纹样，设计中可以将"西兰卡普"织物中具有代表性的纹样提取，并加以简化重构，应用在室内空间及室外空间的设计上。例如，通过对"西兰卡普"常见的二十四勾花纹样抽象提取，采用现代审美和设计手法将图形简化，应用在室外广场铺装拼花中。

室内装饰设计上可以将"西兰卡普"织物的色彩与纹样进行提取转译，在室内空间以暖色为主，黑色压边，室内风格要基于现代的审美将传统土家族文化加以解读，重要的不是沿用土家族文化的表象，而是沿用土家族对于"美"的理念。

（2）退台式布局的延续

"西兰卡普"文创园空间布局应将所包含的功能按照一定的逻辑组合。整体应分为三层梯级，按照山体走势形成逐渐退台式的建筑，并体现出以下几点原则：

①直观显性的标志原则

"西兰卡普"文创园整体应直观地体现出土家族的文化气息，使之成为一个显性的标志物，要第一时间抓住游客的注意力，并且要明确表达出文创园是土家族建筑，其承载的是土家族文化。

②整体与自然的和谐统一原则

"西兰卡普"文创园在室外空间的设计上应延续土家族人民对自然的尊重，因地制宜的设计理念。传统土家族吊脚楼尊重自然，依山就势，层层布置，采取分街筑台、临坎吊脚等方式形成自由且有韵律感的建筑群。现代"西兰卡普"文创园在室外空间的设计上也应该延续这种对自然地形的理解，利用天然山地形成的坡级，逐步缓慢向上过渡，要将对自然的改变尽量做到最小。

③局部之间的协调共鸣原则

"西兰卡普"文创园室外空间设计上由于各组团功能的不同，在空间设计的规划上要有意识地拉开不同局部之间的节奏感，但是各个局部也要协调统一。这种协调统一要从空间的形式、空间的气质等方面表达。让游客从一个空间转到另一个空间中不觉得突兀与尴尬，要与自然地形及其他局部和谐统一，达到浑然天成的效果。

第一组团应为整个文创园最主要的部分，也是其他两个组团的基础。作为游客进入文创园第一个空间，需要传达出文创园的整体精神气质，要通过良好的设计手法在第一时间吸引住游客，激发游客想要游览体验的欲望，为整个文创园的空间定下基调。在功能上，第一组团应将文创园最主要的功能涵盖，例如"西兰卡普"制作与展示空间、文创产品售卖空间、休憩与茶室空间、土家族精神场域等。

第二组团应是整个文创园空间的过渡部分，它用于连接第一组团与第三组团，起到承上启下的作用。第二组团由于前后被第一组团和第三组团包围，所以形成一个天然围合区域，这种围合的中庭空间形态更加适合用来设计开敞的舞台空间，以满足"摆手舞"表演、"西兰卡普"主题服饰走秀、土家族"哭嫁歌"等活动的使用。

第三组团应是整个文创园空间最后端的部分，其应满足部分游客的餐饮需求，提供休憩空间。在游客游览了第一组团和第二组团后可以前往第三组团就餐或休憩。这种布局模式是根据游客的需求层层递进的，既能促进消费，又能满足各阶层的消费需求。

第一组团与第三组团，因其主要功能容易使游客停留于此空间，在空间设计的"总分"节奏中属于相对静态的"总"，而第二组团其主要功能为连接第一组团与第三组团，在空间形态上也是较为开敞的空间居多，所以在"总分"节奏中属于相对动态的"分"。

从建筑平面布局上来看，由于土家族吊脚楼的自由式布局是依功能来自由划分的，具有灵活多变、不对称的特点，这种自由灵活的气质相较于中轴对称的布局形式更加适合文创园轻松、游玩、娱乐的氛围，而中轴对称的平面布局容易带给游客一种庄严、肃穆、不活泼的氛围，所以中轴对称的平面布置更加适合博物馆、陵园等空间。

（3）吊脚楼形式的改良

"西兰卡普"文创园整体形态应提取传统土家族吊脚楼建筑形式，依山地走势而动，与生态、自然互动，延续土家族应对恶劣自然环境的智慧及精神。通过调研我国重庆东南部、湖北西部等地区具有代表性的传统土家族民居村落形式，归纳出土家族吊脚楼建筑群落的代表形式主要分为两类：

一类是传统散点式民居，例如湖北恩施彭家寨等。这类建筑群主要是当地村民自有居住使用，因为当地居民的生活方式以农耕为主，主要是为了生产生活而存在，所以在整体聚落的功能及布局上都表现出强烈的实用性，没有过多的建筑层数，也没有专门的舞台以供表演，田间地头就是当地土家族人民生活的舞台。这种非常自由且散点组成的聚落形式最大的特点就是拥有灵动且优美的天际轮廓线，每家每户的住宅都紧密相邻，形成层层叠叠的美感。

另一类是以土司城为代表的封建时期皇权统治阶级所居住的建筑聚落。在功能上，土司城包含了大量的廊架及灰空间，廊架除了交通功能也具有提供舞台观看点的功能。

在"西兰卡普"文创园的室外建筑形态应将两种代表性的土家族建筑形式的优点加以融合提炼，提取传统土家民居聚落层层叠叠的形式美感意向以及自由的天际轮廓线，加以抽象提炼运用在"西兰卡普"文创园的室外建筑形态营造上。同时要结合土司城的体量及空间布局，用建筑组团拉开整体文创园的设计节奏感，用大量廊架形成的"灰空间"进行过渡，形成开敞围合的舞台空间。

在"西兰卡普"文创园室外空间的设计上要充分提取传统土家族吊脚楼的形式语言、坡屋顶的建筑形式语言、吊脚楼的阳台廊架形式、吊脚楼的挑空形式等进行转译重构，将这种屋外回廊空间的栏杆用玻璃与金属等现代材料进行重构。保留土家族吊脚楼的精神意向，同时将冗杂、多余的细节尽量精减，以简洁的几何形式结合隐喻的象征意义，在建筑外墙上通过横向的长窗打破土家族吊脚楼原有的形式，这种横向长窗的设计形式常常出现在现代风格的建筑上，这样的改变使土家族吊脚楼增加了一些现代感，消解了传统的固有形式，更加符合现代审美。

在室内的布局上需要考虑对土家族精神场域的继承，可以将"堂屋"空间与"火塘"空间相结合，以此形成一个传达土家族传统精神意向的核心场域，整体建筑空间应以此为核心展开。人流动线布局要紧扣游客在游览过程中的需求逻辑关系，不能出现功能空间的本末倒置或动线不合理，其次在室内空间也要思考如何进行无障碍交通设计。

（4）传统材料延续更新

传统土家族建筑在材料上多以木材、砖瓦、石材等为原料，应保留木材与石材这种与自然更亲近的材料，更加符合乡土气质，同时将传统屋面小青瓦改用现代钛锌板屋面材料。首先，小青瓦相对于现代钛锌板屋面材料有许多缺点，小青瓦容易受到其他外力的影响而产生移动。其次，小青瓦也更容易破损老化，更换、维护不能让工人直接踩在瓦片上，导致需要投入更多的人力、物力；流水槽是由瓦片层层叠压形成的，相对于一体成型的钛锌板屋面更容易藏污纳垢。所以，钛锌板屋面更加耐用且现代美观，如今常代替传统小青瓦使用。

可以再加入夯土材料，夯土是我国古代传统建筑常用的一种材料，传统夯土的做法就是将配置好的生土拌和物倒入模板内，然后用物理压实的方法一层一层压实，整体夯实后将模板拆除。夯土具有良好的耐久性，便于就地取材且无毒无害，对生态十分友好。相较于冰冷的工业材料，夯土更加温暖且具有浓厚的历史感与文脉属性，表面的夯土肌理粗犷且豪迈，进一步强化了乡土气质。

以接近自然的木、石、砖、土等材料保持建筑与环境的协调融合，具有豪放、古朴、自然的韵味。配合山、林、石、田、湖的衬托，土家族吊脚楼展现了十足的乡土之美，建筑来源于自然又融于自然，通过材料的转译表达，尽量消解现代工业化所带来的冷漠感。

3．遗产活化视角下桥头村"西兰卡普"文创园空间设计实践

1）项目概况

（1）项目背景

桥头村位于重庆市石柱土家族自治县的桥头镇，地处石柱县境内最大的河流龙河上游，藤子沟国家湿

地公园腹心地带，毗邻黄水国家森林公园和中益"中华蜜蜂小镇"。

在不同季节呈现不同的自然景象，涨水期的绿水清波、烟波浩渺。山水之间不同季节也呈现不同风光。如春季的春暖花开、秋季的五谷丰登，除了农业作物以外在山中还出产黄连、厚朴、杜仲、山银花等贵重药材，在桥头村内出产古代染蓝布的蓼蓝。

（2）桥头村的发展历程及现状调研

根据飞桥坝桥的基础石刻记载，桥头建场于南唐李璟保大元年（公元943年）。千年历史孕育了桥头特有的土家、兵寨、建筑、碑刻、寺庙、巴盐古道文化，形成了独特的桥头文化。

从民国时期开始，桥头乡场位居沙子河、悦来河两河汇口之下，周围桥梁纵横，道路四通八达，为丰都、石柱通达湖北忠路地区境内的交通要道之关，为原丰都县48个场镇之冠。1941年划归石柱县管辖以后，仍因历史悠久、土壤肥沃、出产丰富、集市繁华还胜当年，集散四方物资，容留内外客商，是丰都县和石柱县历代以来的繁华集镇。1960～1980年是桥头村经济繁荣发展的高峰，独特的地理位置与丰富的自然资产再加上党的正确领导，使桥头人民彻底解放了思想，搞活了城乡经济，给桥头的商业插上了飞跃的翅膀，形成了万人空巷的繁荣景象。

但是随着时代的发展，城市快速的现代化导致发展的"天秤"不断向城市倾斜，乡村社会中的资源和劳动力不断被城市吸附，导致乡村社会逐渐"空心化"，桥头村的人口从20世纪80年代后逐渐流失，大量的人口去往城市导致桥头村不再有曾经繁华的盛况。

（3）桥头村的发展困境

桥头村有着得天独厚的自然资源，从优美的乡土景观到多种当地特产以及桥头村"千年"的文化底蕴，这些都是桥头村最精彩的"内涵"，在当前属于十分有优势和竞争力的乡村，但是现在国内大众对于桥头村的认知度不高，导致大量高品质资源无法得到发展的"舞台"和机会。所以，当前桥头村急需"西兰卡普"文化创意产业园来打响桥头村的"招牌"，通过对土家族文化的挖掘，利用"西兰卡普"为切入点，这样既能将土家族优秀的非物质文化遗产继承并发扬，还能提高桥头村的知名度，提高桥头村的经济发展，达到文化与经济、传统与现实双赢的局面。

例如，在重庆黔江小南海镇的新建村，"进城务工人员返乡创业园"结合"土家风情十三寨"，在"十三寨"中还建立了"黔江土家族民俗馆"，吸引了众多高校学生"采风"以及外地游客前往观光，使当地经济得到高速发展，完成了传统文化遗产的保护活化和乡村振兴。

通过考察发现，当地的自然资源配置远远不及桥头村的自然资源优美宜人，但是可以通过将传统土家族建筑形式与"西兰卡普"织物生产的业态相结合打造文化产业旅游新路径。由于整体环境品质不高、产业规模小，以至于难以达到自主开发和研学效果，"西兰卡普"制作空间也仅仅满足生产功能，毫无美感。建筑上仅将砖混结构的民房外立面改造成传统土家族建筑形式，并没有做到修旧如旧。所以，小南海镇这种发展模式可以借鉴在桥头村，用来解决当前桥头村的发展困境，但是也要对"黔江'西兰卡普'进城务工人员返乡创业园及土家风情十三寨"的品质、创新等方面的不足进行改良提高，打造适合桥头村发展的新路径。

（4）设计定位

通过对桥头村及周边环境的实际考察发现，桥头村当地的自然风光独具特色，自然资源得天独厚。但是当地缺少能够让游客停留的相关产业，尤其是立足于"土家族"自治县的大环境，民族特色相对薄弱，需要加强当地独特的地域民族特色，以此为着力点，带动桥头村经济发展。

根据实地调研与上文中相关内容的分析可以得出，以土家族特色文化为主题的"西兰卡普"文化创意产业园最符合桥头村经济发展的需要，最能吸引游客的关键主题，因此"西兰卡普"文化产业园应紧扣"西兰卡普"等土家族特色文化遗产，功能上要以文化为先导，艺术为抓手，商业为根本，营造出适合大部分游客的公共性文化艺术空间。桥头村主要人员为当地村民，以中老年人居多，外来游客以青壮年为主。游客大多采用高铁的出行方式，其次是自驾。其中，游客大多集中在每年的6月、7月、8月来桥头村。所以，在"西兰卡普"文创园的整体设计上应以青年到中年这类群体为目标人群，围绕他们的生理需求及心理需求展开设计，要设计出能够吸引他们前来观光的空间环境。与此同时，也要考虑当地老年村民及老年游客的需求，在动线的设计上要为行动不便的老人及残疾人设置无障碍设施，在室内尝试采用室内电梯以方便他们上下楼游览整个文创园。

通过将"西兰卡普"的文化内涵与美学观念提炼运用在室内空间的设计上，将传统土家族文化与现代生活接轨，在视觉、材质、审美等方面使一些非物质文化遗产重新焕发生机，达到"遗产活化"的同时又为当地乡村带来经济效益，更好地完成农业农村向高质量发展的转型。

2）非遗文化的转译表达与展现

（1）整体布局的呼应

①阶梯式的布局——空间与山地对话

桥头村地势呈两边高、中间低的态势，三面环水、背靠高山，按照土家族的建筑选址习俗，这里的地形十分优良。在"西兰卡普"文创园的整体空间布局上应按照土家族"依山面水"的布局习惯，充分利用并发挥现有地形优势与山地对话，整体空间顺应自然地貌走势，在适应自然的同时也形成了独特且具有强烈在地性的空间形式。依据传统退台式布局的延续，"西兰卡普"文创园空间布局应将所包含的功能按照游客动线的逻辑关系，"由远及近""由表及里""由动及静"的逻辑关系将所含业态分为三个层次，同时也是依据人的需求欲望逐层递进。

第一组团为整个文创园最主要的区域，也是人流聚集最多的组团。展示空间、制作空间、研学空间作为文创园文化保护传承与活化创新最重要的空间，是统领整个文创园空间的文化核心。第二组团是在游客对"西兰卡普"相关文化有一定了解与体验后加深互动感受的中央舞台空间。通过"西兰卡普"织物的体验，带动游客感受其他土家族歌舞文化中对"西兰卡普"织物的应用。第二组团是以廊架形成的灰空间，中间围合出露天舞台。第三组团作为游客游玩后可休息用餐的空间，这种布局模式根据游客需求层层递进，可以更好地促使消费行为的发生。这种一进、二进、三进的格局也是对土家族传统"土司城"空间形式转译而形成的（图6-5）。

②传统"土司城"与传统"土家民居"结合

"西兰卡普"文创园整体空间布局虽然延续了土司城的空间布局，但土司城的建筑形式由于过于对称导致

图6-5　"西兰卡普"文创园鸟瞰图

呆板，不够自由活泼。所以，在各个空间形态上，都要对土家族传统民居进行转译。在入口广场上将传统"西兰卡普"织物"二十四勾花"的图案转译并应用在地面铺装上，使游客在进入文创园空间开始就置身于"西兰卡普"文化氛围内。

通过前期对土家族传统建筑室外空间环境的分析，提炼独特的设计美学，建筑外立面的色彩搭配沿用传统土家族吊脚楼的色彩层次，明度最低的重灰色来自于顶部的钛锌板材料，整体立面以原木色、夯土产生的黄灰色为中灰色，而地面、台阶铺装则使用青灰色。

（2）功能业态的植入

①"西兰卡普"展厅

在一层"西兰卡普"主题展厅入口装置数个可伸缩的LED发光方管，组成"西兰卡普"图形阵列，当有游客经过时，切断红外线开关并触发压感开关，"西兰卡普"图形逐渐上升变成活态的"文化波浪"缓缓流动。这个设计的灵感为笔者对非物质文化遗产特征分析后所得到的感悟。对于非物质文化遗产来说，人是十分重要的载体，所以在体验、了解"西兰卡普"的过程中，只要有游客在展厅中浏览，就意味着"西兰卡普"的文化正在你我之间"存活"着，这项文化遗产就能不断地延续。随着人们进入展厅，文化的传承就开始缓缓地"流淌"。当没有游客参观时"流动的文化波浪"又逐渐凝固成静态的"西兰卡普"图形符号，静静地等待着游客前来欣赏。这个空间的主要功能以保护"西兰卡普"文化为主，向游客介绍"西兰卡普"的发展历程，展示优秀的"西兰卡普"历史文物，让前来的游客对"西兰卡普"有所了解（图6-6）。

同时，顶部的"西兰卡普"织物装置背后的电机随着游客的进入也开始"流动"，沿着游客游览的路线行进，这种将"声、光、电"结合的展示艺术更加适合当代人的审美及喜好，营造出多维度的游览体验，打破传统展厅孤立、单调的展示形式，使土家"西兰卡普"文化充分与游客互动。

②"西兰卡普"体验空间

游客通过一层展厅了解"西兰卡普"的历史之后到达二楼的研学空间，让游客近距离观看"西兰卡普"制作的全流程，还可以亲身体验一番"西兰卡普"的编织过程，在体验中感受文化，在学习中继承文化。通过"研学+体验"的方式使游客亲自制作属于自己的"西兰卡普"文创纪念品，在游玩中感受文化氛围。这种体验模式让游客更加深刻地了解"西兰卡普"，相对于传统的以说教为主的文化传播形式而言，这种以互动体验文化为主的动态感知文化方式更能使"西兰卡普"进入大众生活。

所以，对于有制作需求的二楼体验空间来说，采光的需求就显得尤为重要。采用横向长窗以及通透的

图6-6 "西兰卡普"展厅

玻璃与金属形成竖向的隔断,而这种隔断的形式也是对传统"西兰卡普"图形的提取。在进行空间设计时,要通过每个细节来隐喻地表达"西兰卡普"文化(图6-7)。

③"西兰卡普"文创产品店

"西兰卡普"文创产品店是沟通传统"西兰卡普"文化与现代生活的桥梁,使这项非物质文化遗产真正地"活化再生"。在设计上依旧沿用木饰面板和人造夯土饰面材质,以及深色金属线条压边,这种取自"西兰卡普"织物的设计手法营造出独特的精神文化意向。

④"西兰卡普"主题茶室

"西兰卡普"主题茶室是相对私密的空间,在游客众多的第一组团"动中取静",整个空间依旧延续了"西兰卡普"美学的设计语言,入口处通过对"西兰卡普""寿字花"织物中的纹样进行提取并抽象简化,形成入口景墙。前台与茶室之间有一小段过渡空间,靠外侧的墙面采用大面积落地玻璃窗营造通透的视觉效果,把游客的关注点引向室外优美的风景(图6-8)。

图6-7 "西兰卡普"体验空间

图6-8 "西兰卡普"主题茶室空间

⑤"西兰卡普"文创园第三层观景空间

第三层观景空间因其高度适合总揽全局，故而在三层空间的布置上以"开放动态"的休憩和观看舞台表演、自然风景为主。整体空间无过多的封闭门窗，靠近舞台一侧的朝向有宽阔的开敞横窗，窗帘以"西兰卡普"织物为主。整体空间在前部可欣赏自然景色，向后可观看活动表演（图6-9）。

⑥"西兰卡普"舞台

中庭的"西兰卡普"舞台由两旁的观看廊道围合而成，两旁的廊道不仅有沟通第一组团与第三组团的功能，还可以让来往游客在此空间驻足观看"摆手舞"、"茅古斯舞"、庆典表演等歌舞活动，在这里游客可以亲身体验"西兰卡普"织物是如何在土家族文化中体现的。中庭舞台的中央是从传统"西兰卡普"织物中提炼出的纹样符号，强化了整个空间的文化氛围。

⑦"西兰卡普"餐厅

"西兰卡普"主题餐厅作为第三组团是整个文创园的最后一个空间，当游客体验过"西兰卡普"织物的制作，感受过土家歌舞后可以在这里品尝到地道的土家族美食，在舌尖上将此次土家族"西兰卡普"文化

图6-9 "西兰卡普"文创园三层观景空间

之旅进一步升华，达到精神文化与物质生活丰富而全面的境界，为此次的"西兰卡普"文化之旅画上圆满的句号。

（3）土家传统的延续

①传统功能的延续

传统空间功能的延续不是简单地对空间进行还原，而是通过对文脉的转译表达土家族人民辉煌灿烂的文化内涵。土家族传统建筑空间多以堂屋为中心展开，堂屋对于土家族人民非常重要，通常是用来祭祀祖先、迎宾、婚丧嫁娶所用。对土家族人民非常重要的火塘也逐渐从单纯的生活所需向精神场域转化。因此，提取传统土家族堂屋与火塘空间形式，将两种空间结合在一层入口的聚集空间中，形成土家族的精神场域空间，满足休憩、接待功能的同时更体现出土家族的精神文化内涵。

②传统形式的延续

建筑空间功能的延续外，还需要注重传统"西兰卡普"织物形式的延续。"西兰卡普"织物有许多代表性纹样，将这些具有土家族代表性的纹样符号化，形成单一符号元素，应用在空间造景上加强土家族文化氛围。同时，土家族"西兰卡普"织物本身也是独特的艺术品，可以直接用作室内挂饰。

（4）现代语言的转译

在做到对传统文化传承的同时，更重要的是提炼和转译"西兰卡普"织物美学风格并应用到空间设计中。

①"西兰卡普"纹样转译

从"西兰卡普"织物中提取标志性的图形符号，并将其符号化，用现代设计手法和当下先进科学技术表达，符号不断与空间对话，使游客在游览的过程中不断地强化这种视觉感受，同时突破二维平面的传统设计方式，从而转向三维空间中的运用。在二层走廊中间运用乡土竹编材料结合LED发光材料制作的景观装置，在不同的视角会呈现不同的"西兰卡普"代表元素。

②"西兰卡普"配色转译

"西兰卡普"织物在用色上延续了土家族对暖色的喜好，以黑、白、黄、红、蓝为主要颜色。将"西兰卡普"织物配色提炼并应用到空间的设计中，可以看出在整个室内设计的色彩上延续了土家族对于暖色的偏爱，所以在用材上多以不同层次的木饰面板、辅以人造夯土贴面搭配形成温暖动人的文化氛围，在设计中也多采用黑色金属线条压边。而这种配色形式加以土家族代表纹样的现代转译表达可以很好地塑造土家族的文化精神气息。

③"西兰卡普"美学风格转译

通过对"西兰卡普"织物美学理念的分析和提取，使这种艺术风格传达出的土家族文化气息渲染整体空间的氛围，创造出了全新的土家族风格，给游客带来更高级的精神享受，这种对于"西兰卡普"文化的"传神"更加隐喻、更加具有象征意义。在入口休憩区的设计上，通过对传统"西兰卡普"织物图形演变而制作的特殊墙面开窗造型，用壁灯形成的对称光斑模拟"西兰卡普"织物中的"折线"形式，以及顶部的吊顶装饰与"西兰卡普"的结合等方面都能反映出对于"西兰卡普"织物美学的提炼，从而塑造出独特的精神文化意向空间。

4. 小结

本案例首先对当前中国文化发展进行了分析，对当前优秀文化挖掘开发的趋势进行阐述，发现当前我国对于民族文化遗产的保护虽有所成绩，但是在如何开发我国优秀的非物质文化遗产并应用在当今社会中使其重新活化再生等方面还有所不足。以"西兰卡普"这项土家族国家级非物质文化遗产为基础，通过分析提炼"西兰卡普"的纹样特征、配色规律、形式美感等，活化利用在"西兰卡普"文创园室内空间设计中。为我国西南地区的土家族传统文化遗产活化利用提供了新思路，也为我国当前其他民族的优秀传统文化提供了可借鉴的依据。

其次，本案例分析了"西兰卡普"织物中的构成美、色彩美、实用美，并尝试总结出一套能在空间设计上进行引导设计的原则，以"形""色""神"为源，在"纹样""色彩""意境"方面进行现代审美转译，通过多个维度的考量，最终达到"造土家族之意境"。通过设计的转译，从而使这项土家族的优秀非物质文化遗产真正走入现代生活，使其真正活化再生。

笔者期望能够通过"西兰卡普"文创园空间的设计实践，为当下同类型的文创园提供一定的参考，为文化重新找到扎根的土壤，为乡村找到新时代依托文化发展的出路，为中华民族的文化发展尽一份绵薄之力。

第 7 章

乡村环境的可持续发展

原则

7.1 乡村环境的可持续发展

该原则强调在乡村振兴环境设计中，应当注重经济、社会和环境的可持续发展。景观设计应该致力于提高资源利用效率、降低能源消耗、减少环境污染，实现经济效益、社会效益和生态效益的统一。

7.1.1 生态系统服务理论

强调生态系统对人类社会和经济的支持和贡献，提倡通过保护和恢复生态系统来实现可持续发展。乡村环境的可持续发展需要考虑到生态系统服务的提供和保护，如水资源保护、土壤保护、生物多样性保护等。

乡村环境的可持续发展与生态系统服务理论密切相关。生态系统服务指自然生态系统提供给人类的各种物质和非物质产品，以及生态系统对人类社会和经济活动的支持。以下是关于乡村环境可持续发展生态系统服务理论的要点：

（1）**水源保护和水资源管理：**乡村地区的生态系统提供了重要的水源保护服务。例如，森林、湿地和河流系统能够净化水质、调节水流、防止洪灾等。因此，保护和恢复乡村地区的生态系统有助于确保水资源的可持续供应和水质的改善。

（2）**土壤保持和农业生产：**乡村地区的生态系统服务还包括土壤保持和农业生产支持。通过保护自然植被、采取合理的耕作方式等措施，可以减少土壤侵蚀、提高土壤质量，从而促进农作物的生长，提高农业产量。

（3）**生物多样性保护：**乡村地区的生态系统是重要的生物多样性保护区。保护自然栖息地、野生动植物种群有助于维持生物多样性，并为人类提供重要的生态系统服务，如食物供应、生物控制害虫等。

（4）**景观美学和休闲服务：**乡村地区的自然景观和文化遗产为人们提供了休闲娱乐和文化体验的场所。保护和再生乡村环境可以提升景观美学价值，吸引游客，促进当地旅游业的发展。

（5）**气候调节和碳储存：**乡村地区的森林、湿地等生态系统对于气候调节和碳储存具有重要作用。保护和增强这些生态系统有助于减缓气候变化、改善空气质量，并为减少温室气体排放提供有效手段。

7.1.2 农业可持续发展理论

重视农业生产的环境友好性、社会公正性和经济可行性，倡导在保护环境和生态系统基础上提高农业生产的效率和产出。乡村环境的可持续发展需要结合农业可持续发展理论，实现农业生产与环境保护的良性循环。

（1）**资源可持续利用：**乡村农业可持续发展的首要原则是保证农业生产所需资源的可持续利用，包括土壤、水资源、能源等。这意味着要采用科学的农业生产方式和管理实践，确保资源的合理利用和再生。

（2）**生态系统健康：**乡村农业可持续发展理论强调农业生产与自然生态系统之间的协调发展。通过采取生态友好的农业实践，如有机农业、生态农业和生态保护农业，保护和改善农村生态系统的健康状况。

（3）**农业生产效率：**可持续农业发展理论追求提高农业生产效率的同时，保持环境和生态系统的稳定。这意味着在提高农业产量和经济效益的同时，要兼顾土地、水和生物多样性的保护。

（4）**政策支持和制度建设：**政府在乡村农业可持续发展中扮演着重要角色，需要制定和实施支持可持续农业发展的政策和制度。其中，包括提供资金支持、技术培训、市场保障等政策措施，为农民和农村社区提供必要的支持和保障。

7.1.3 生态村庄理论

提倡在乡村建设中注重生态环境的保护和恢复，倡导以人为本、生态优先的乡村建设理念。乡村环境的可持续发展需要借鉴生态村庄理论，通过建设生态友好型村庄和社区，实现人与自然的和谐共生。

（1）**整体规划与生态设计：**生态村庄理论倡导通过整体规划和生态设计，充分考虑乡村地区的自然生态系统和人文环境，实现自然环境和人类社会的协调发展。其中，包括合理布局、保护自然景观、恢复生态系统、推动低碳发展等方面。

（2）**可持续发展的理念：**生态村庄理论秉承可持续发展的理念，强调在满足当前需求的同时，保护和提升未来世代的生活品质。通过推动资源的可持续利用、提高能源利用效率、促进循环经济等措施，实现乡村地区的可持续发展。

（3）**多元产业发展：**生态村庄理论倡导多元产业发展，通过发展农业、旅游、文化创意产业等多个领域，实现乡村经济的多元化和可持续发展。

（4）**生活质量和福祉提升：**生态村庄理论追求提升居民的生活质量和福祉水平。通过改善基础设施、提供社会服务、保障居民权益等措施，增强社区的发展活力和吸引力。

强调资源的循环利用和能源的替代，提倡在乡村环境中推广可再生能源和资源回收利用技术，实现资源的可持续利用和能源的可持续发展。乡村环境的可持续发展需要采用资源循环利用和能源转型的技术手段，减少对自然资源的消耗和环境污染。

（1）**资源循环利用的重要性：** 资源循环利用理论强调将废弃物转化为资源，实现资源的循环利用，减少资源的浪费和消耗。在乡村地区，资源循环利用不仅可以减少环境污染，还可以提高资源利用效率，促进经济可持续发展。

（2）**循环经济的实践：** 资源循环利用与循环经济理论密切相关。循环经济强调将资源的生产、消费和再利用环节有机地连接起来，实现资源的循环利用和经济增长的协调发展。在乡村环境中，循环经济的实践可以促进农业、工业和服务业的协同发展，实现资源的最大化利用。

（3）**能源转型的迫切性：** 能源转型理论认为，面对能源紧缺和环境污染的双重挑战，转型向清洁、可再生能源是当务之急。在乡村地区，能源转型不仅可以减少对石油能源的依赖，还可以降低能源消耗和碳排放，保护环境和气候。

（4）**可再生能源的推广：** 能源转型理论倡导大力推广可再生能源，如太阳能、风能、生物能等。在乡村环境中，利用当地丰富的自然资源，发展可再生能源项目，有助于提高能源供应的稳定性和可靠性，促进当地经济的发展。

（5）**能源技术创新：** 能源转型需要依靠技术创新来推动。通过研发和应用新的能源技术，如智能电网、储能技术、能源效率提升等，可以实现能源转型的顺利进行，促进乡村环境的可持续发展。

（6）**政策支持和市场机制：** 能源转型需要政策支持和市场机制的配合。政府可以通过制定鼓励可再生能源发展的政策、建立激励机制和市场化机制等手段，推动乡村能源转型的实施和推广。

7.2 乡村环境的可持续发展项目案例研究与分析

案例：基于民俗与乡村生活空间内生逻辑的设计研究——以重庆市彭水县木瓯水苗寨为例

蒋贞瑶

1．木瓯水苗寨实地调研

本案例从基本概况、民俗、生活空间三个层面着手对其进行针对性调研，在考察过程中了解到，木瓯水苗寨是一个历史悠久、自然文化资源丰富、建筑空间特色鲜明、民俗文化保留完整的传统村落，可以作为研究方向的优秀素材支撑和实例依据。

1）基本概况

（1）历史沿革

木瓯水为谢氏聚族而居，有谢氏先祖谢子力"倒插白果树[①]丫"择木而居的传说，古树成为谢氏一族的图腾。木瓯水的"木"字源于村内朝门脚院落的并蒂古树，一棵为水红，另一棵为岩令，两树相拥生长，枝繁叶茂，有成群鸥鹭择其而栖，谢氏先祖视为神木，故取"木"。"瓯"为瓦片，即谢氏先祖用瓦片盖房定居。"水"指村内溪流，合起来即"择木近水而居"。又有木瓯为木盆，水为财，木瓯水即用木盆盛水、盛财，寓意财源盈盆。当地民歌对木瓯水苗寨的景象进行了生动描绘：

> "进入干田村，左到木瓯水，
> 美景映眼帘，令人心陶醉，
> 爬上尖山子，彭黔酉相随。
> 人在云盘中，眼无地界碑，
> 千年参天树，万古线装书，
> 明清契约在，先生谢君侯。

---

① 白果树，即银杏树。

双屋吊脚楼，檐下挂苞谷，

对门梁子脚，桑麻百万株，

外面谢田沟，天干产丰谷。

丛林路蜿蜒，谢家全瓦房，

栱斗并花檐，厢房两边出，

翻山打银子，私塾设老屋。"

据木瓯水谢氏族谱记载，先祖"谢君侯"本是广东人，后迁居江西临江府，养育谢子力等三人。恰逢李自成起义，"闯王赶苗"，为避祸辗转迁徙于湖北、贵州，后谢子力三兄弟来到川东绍庆府，途经独立寨马家堂时，谢子力将一根用作拐杖的白果树枝倒插在尖山子下垭口，许诺如果树枝成活，便来此安居。一年后，他返回看见白果树的树枝居然长出了枝叶，断定这里是子孙兴旺之地，便在垭口下的上弯坎安家立业。后来，因人口繁衍兴旺，生存空间不足，谢氏第十一世祖谢天福带谢氏一支择木瓯水定居，至今已在此承续17代。

谢氏族人首先在木瓯水右岸台地上的朝门脚老屋基建房而居。随后，以老屋基为中心，向四周发展。大约康熙年间，谢氏后代将房屋扩建到木瓯水对岸和周边地带，同时向红军盖山梁的左侧至垭口一线发展。清末至民国时期，谢氏沿跳蹬河向四周发展，成为鞍子镇的名门望族，建成以木瓯水—红军盖一线为中心，独具特色的苗族传统村落聚居群。

（2）区位条件

木瓯水苗寨位于重庆市彭水县鞍子镇干田村六组，由4个自然聚落组成，外距武隆区约108千米，距黔江区约90千米，距彭水县约54千米，距酉阳县约60千米；内距鞍子镇政府约4千米，距干田村村委会约1.5千米，地处鞍子镇东南部，东邻鞍子村，西邻冯家村，南邻酉阳庙溪乡，北邻大池村。2019年6月6日，木瓯水正式列入第五批中国传统村落名录。

（3）资源现状

彭水自治县土地、矿产、生物及水资源较为丰富，其中土地资源有耕地面积约10.7万公顷，山地面积约8687公顷，林业用地面积约19.53万公顷。矿产资源探明可开采的矿藏有煤、天然气、白云岩、铝土矿、铁矿、萤石、石灰岩、方解石等。生物资源丰富，种类繁多。水资源有乌江、郁江、普子河、芙蓉江4条河流，均属长江水系。

2）木瓯水民俗

（1）生活习俗

生活习俗包括了衣、食、住、行、用等方面内容，是民间习俗的物质基础，也是一个民族集体行为和实践规律的观测点。内部传统观念的外化体现在生活习俗的方方面面，造就了群体之间的共时性。木瓯水苗寨作为民风质朴的少数民族聚居地，在饮食、服饰、用具上长久以来形成了当地的民族特色，有着与其他地区不同的传统风格。

（2）礼仪习俗

礼仪习俗仪式贯穿于群体成员从降生到死亡的各个人生阶段，如成人仪式、婚嫁仪式、丧葬仪式等，这个过程让群体成员更加明确应遵守的生活准则和应尽的社会责任。礼仪习俗对于群体成员认知的提高和精神依托的寻求具有重要的促进作用。木瓯水苗寨村民重视礼仪习俗，特别是婚嫁和丧葬，是寨子里的头等大事。

（3）节令习俗

节令习俗，与村民的生活密切关联，在不同的节令里无论祈福平安还是祈免疾病，求助于神灵庇佑都是村民寻求心灵安稳的一种重要途径，人们在参与中获得的情感认同与精神满足构成了节令习俗的特殊价值。节令的变化，习俗的差分，也从侧面体现了不同民族的生活差异。木瓯水的节令习俗趋同于中国民间传统节日，但在具体庆祝方式上又有些许差异，其过程相较复杂，细节更加烦琐。

3）木瓯水生活空间

（1）木瓯水村落格局

据调研统计，木瓯水苗寨户籍人口832人，常住人口360人。四个寨院分布在约85000平方米的山地之中，四个寨子除房屋建筑外的环境规模为：灶泥塘寨子4500平方米，朝门脚寨子4000平方米，谢家湾寨子1500平方米，翻山寨寨子1800平方米，四个寨子的连接观光步道长1000米，均宽1.5米。

木瓯水苗寨位于山脉台地的凹处，四周被红军盖、狮子山等大山环绕，木瓯水河贯穿整个村落，灶泥塘、朝门脚、谢家湾、翻山寨四个寨子散落其中，再由步道联系田野与建筑，山体、水系、农田、古树名木组合而成的村落生态颇好，形成"山—水—田—院"的整体格局，环境十分和谐优美。整个寨子山地形态特征鲜明，传统风貌建筑集中成片，村民延续着古朴的农耕生活方式，民俗气息和风土人情十分浓厚。

（2）木瓯水院落类型

木瓯水苗寨院落由"一"字形院落、"L"形院落、"凹"字形院落三种形制组成，每种形制都各具特色，而相同的形制又有细微差别。通过走访调研了解到寨内共26户，常住人口360人，"L"形院落12户，"凹"形院落8户，"一"字形院落仅5户。

①"一"字形院落

"一"字形院落结构最为简单，由正屋和院落组合而成，正屋以四榀三间居多，院落与正屋的关系多为前院后屋。

②"L"形院落

"L"形院落呈现半封闭的对内向心形态，正屋方位保持不变，厢房的形制尺寸因功能需求的差异而不同，有的厢房与正屋连接，有的厢房顺应地势稍微脱离正屋而建。主屋以堂屋和卧室为主，厢房则功能更加齐全，由卧室、厨房、火塘间、厕所、储藏室等辅助空间组成。

③"凹"字形院落

木瓯水苗寨地形地貌复杂，"凹"字形院落分布居多，同时其形制也各有差异，均因功能需要而形成。建筑与院落的组合关系十分自由灵活，有的正屋与两厢房中间围合部分成为主入口，有的则为出入便利将主要交通节点设置在两厢房的山墙面上。

4）木瓯水建筑特征

木瓯水建筑的梁柱采用榫卯结构，不使用一钉一铆，穿斗形式建立起的建筑空间承重均匀，结构稳固。建筑依照竖向地形的差异，可以分为"半边楼"和落地式平屋两类。"半边楼"也称"吊脚楼"，其主要特点是将正屋建在平地，侧面厢房依靠柱子的支撑落在较低的地基上以减弱高差。落地式平屋构造更加简单，建筑直接建造在事先利用石材砌筑好的平地上。

木瓯水建筑中的功能布置在垂直方向上可以由下至上分为生产层、居住层、储藏层三个层次，建筑的生产和生活空间功能划分明确，组织井然有序。

底层为生产层，是以生产和储藏为主要功能的辅助空间层。外围进行简易围护，主要用来饲养家禽牲畜、堆柴和囤放农具等。生产层设置了单独的出入口，有的生产层内部也设置了简易楼梯直通居住层。

中间层为居住层，居住层是整个房屋使用频率最高的空间层，由堂屋、卧室、火塘、厨房、厕所、粮仓等组成，村民的生活起居基本集中于该层。堂屋作为物质功能中心位于建筑的正中央，是整个中间层最核心的空间，主要承担供奉祖先的功能，同时也串联起整栋房屋的功能流线。火塘间作为整个居住层的精神中心是最热闹的功能空间，相较堂屋的庄严神圣，火塘间更具生活气息，村民在此烤火取暖，烹煮食物，闲谈家常。同时，在空间处理上火塘间也比较灵活，有的火塘间与厨房紧邻设置，有的直接与厨房合并设置。卧室空间往往紧邻堂屋布置，同时进行架空防潮处理。牲畜圈、厕所、粮仓及柴房的布置则更随意，有的以厢房的形式与正房连接，有的直接与正房脱离，自由布置在周围。

储藏层也是建筑的辅助空间层，通常用于存放粮食和部分换季的农具，有时家中来客，也会特意分出一两间房作为卧室。渝东南地区气候潮湿，为防止粮食受潮，囤放的粮食一般会散状堆放，同时为了便于通风，山墙面也不会完全封闭。

2. 民俗与乡村生活空间的内生逻辑探索

在长此以往的生产生活中，木瓯水苗寨村民形成了一套自己的行为方式和生活准则，这些方式和准则经过长期积累成为当地的地方民俗。民俗催生了木瓯水建筑、院落、公共空间的出现和衍化，同时这些生活空间的发展又潜移默化地影响了地方民俗的成长与增进。可以说，木瓯水苗寨的民俗与生活空间相伴相生，互为因果。

1）民俗与建筑

"建筑是沉默的历史，是建筑文化的生存背景，是族群保持其叠垒在成长经历中并直接映射到居住空间的知识体系。"建筑是乡村生活空间的核心，村民生活的三分之二时间都在建筑中度过，而建筑中大到建筑形制、小到装饰纹样，无一不映射着村民的生活轨迹和精神追求。

（1）反馈——营造仪式与建造过程

木瓯水苗寨村民非常重视建造新房，其建筑的营造过程包括择屋基、砍树、竖房、上梁、装神龛几个重要阶段，每一阶段的工序都有独特的营造仪式，潜移默化中通过当地民俗反映到了建筑建造的整个过程。

①择屋基

择屋基选日子颇有讲究，通常选双不选单，同时不选择与家庭成员属相相冲的日子。东家选地，一般看朝向，屋场选择遵循背阴向阳的原则。

②砍树

东家一般请木匠师傅来砍树，木匠师傅携东家与小工带着斧头、锯子等工具上山，择一粗壮、笔挺的杉树用作新房的中柱。砍树也颇有讲究，砍前师傅先用酒肉、牛角、糯米饭等向杉树祭祀，然后自己用斧头在树上砍三下，再拿给东家砍三下，最后由小工把树砍倒，众人务必设法让树倒下的方向朝东，以表吉利。最后将砍倒的树锯断，运至家中。

③竖房

竖房是建造新房中的重要步骤，约一个工作日完成，当天整个寨子的人以及东家的亲朋好友都会聚集前来帮忙，众人齐心协力竖立起柱子。

④上梁

上梁是建造过程中最核心的工序，是寨中上下欢腾的大事，经过多道程序建立，从而祈求神灵赐福。其中，抛梁粑这一程序最为热闹有趣，引来寨中男女老少集体欢腾。木匠师傅一边唱上梁歌一边将东家备好的彩色梁粑抛向各方，先抛向东南西北四个方向，接着遍地开花。大人、小孩则是聚成一团站在木匠师傅前面，纵身跳跃着去哄抢抛出的梁粑，接不住的就你推我挤地去地上捡，笑声满堂，热闹非凡。

⑤装神龛

木瓯水家家户户堂屋都会装神龛，神龛的高度不得低于大门，预示将财富留在自家，否则"荣华富贵往外走"。

（2）制约——礼仪尊卑与功能布局

"礼和法不相同的地方是维持规范的力量，法律是靠国家的权力来推行的。而维持礼这种规范的是传统。"费孝通先生对中国礼制的维持做出了准确解释。在木瓯水村，建筑的功能布局与"礼"关系密切，其中最明显的当属堂屋和火塘间。

①堂屋

在世俗的生活空间内制造出神圣空间，一方面用来确定人与神的关系以及人们处理神圣与世俗事务的行为边界；另一方面用来确定人与人的关系。木瓯水村民家中最神圣的空间是堂屋，在堂屋正中的板壁上设置神龛，香火旺盛，中间供奉"天地君亲师位"，两边供奉"北方真武祖师""川璧二殿尊神""南海观音菩萨"等，左侧壁板供奉"三花五座谷神"，右侧壁板供奉"七星天王父母"。堂屋的门日常一般不打开，每遇婚丧嫁娶才会打开供人进出。

②火塘间

火塘间是村民待客议事、烹饪食物的地方，相较堂屋空间的严肃神圣，火塘间更具烟火气和人情味。火塘不仅是村民日常生活及供暖的中心，更是村民的精神中心，火塘燃烧的火焰代表了村民热情好客的性格和坚韧不屈的精神。大多数人家会将厨房、会客厅和火塘间并作一起使用，作为待客的场所。冬天在火塘正中架设煤炉取暖，煤炉架上铁三角烹煮饭食，火塘上方用铁钩悬挂熏制好的腊肉。在调研过程中发现木瓯水的火塘主要存在三种形式。

火塘间作为待客的场所，座次受到礼仪尊卑的约束。靠山墙方位是老人与长辈的专属座位，北面和南面分别供客人使用，最后靠中堂一侧为主人家自己的座位。火塘正中架着火炉烹煮简单的食物，烤火也有规矩，忌讳踩踏火炉或靠近火炉烘烤不干净的东西。

（3）成就——生存智慧与细部空间

①檐下、梯下、架空防潮层

木瓯水苗寨村民对建筑细部空间的利用非常独特，他们善于利用檐下、梯下、架空防潮层等边角位置作为储藏空间。檐下一般晾晒粮食、储物，也有在檐下放置蜂房养蜜蜂；而梯下则是放置一些大型的农具、生产机器、粮食或者方便取用的生活用品；架空防潮层作为小型储物空间往往放置一些斧子、镰刀、小锄头等工具。

②阁楼

木瓯水苗寨户户都会在除堂屋外的空间上方用楼板隔开设置阁楼，阁楼层面积小于整个建筑的平面面积，通常不住人。由于阁楼使用率总体不算太高，通往阁楼使用的都是活动的木楼梯。阁楼的主要功能是散堆粮食，为应对渝东南潮湿的气候，山墙及四面壁板都不会完全封闭，保证了良好的开放性和通风效果，利于粮食风干，这充分体现了木瓯水村民的房屋建造智慧。

③灶火

木瓯水的灶火尽显了村民们的生存智慧。通过调研了解到以前村民都是把灶火设置在室内，但是由于长时间在室内烧火，厨房被柴烟熏黑，同时厨房浓重的烟雾也影响日常餐食，因此后来大部分村民都将厨房的灶火设置在了室外。室外烧火让厨房变得更加干净卫生，室外堆柴也解放了室内部分空间，为村民生活带来便利。

（4）渗透——图腾崇拜与装饰纹样

木瓯水苗寨建筑记录着时代的变迁，蕴含着丰富的民俗特色，充分展现了先人的审美素养和建造智慧。建筑构件中的图案样式、纹样内容中渗透着苗寨村民的民俗信仰，图腾崇拜是他们对"神圣"事物的崇拜和对幸福生活的追求。

①花窗

木瓯水花窗造型十分美观，纹样内容通常利用寓意、谐音的方式共同表达对吉祥如意和美好生活的向往。

木瓯水的典型花窗之一是"三打白骨精"的图案。"三打白骨精"源于我国四大名著之一《西游记》，苗家谢氏将神话故事搬上花窗，一是告诫子孙世间险恶，眼见并非一定为实，要透过表面看清事物的本质；二是告诫子孙要善于明辨是非，不要听信谗言。

同时，其他花窗也蕴含了丰富的寓意，如左右壁虎：壁虎谐音庇护，辟邪、避祸，护佑健康平安；又谐音"必福"，是必得幸福之意。又如左右金鱼：鱼，谐音余，金鱼谐音金玉，合起来就是年年有余、金玉满堂。再如蝴蝶：苗族人认为蝶生万物，因此经常将蝴蝶纹理结合其他动植物纹样进行创作，蝴谐音福，预示着生活幸福美满。还有牡丹配蝴蝶：牡丹寓意富贵，而蝴蝶在方言中与"无敌"谐音，联合起来就是"富贵无敌"，可理解为多子多福。

②垂花柱

在木瓯水建筑中，垂花柱比较常见。垂花柱的柱头下端悬空，只占天、不占地，装饰效果极佳，既增加了细节美感，又寄予了美好寓意。在木瓯水，常见垂花柱头雕刻的纹样有花鸟纹饰、灯笼、绣球、莲花座和宝瓶等，有祈福安康之意。

③屋面

木瓯水建筑屋面为小青瓦，长龙状屋脊，脊翼上翘，脊首为"冬瓜圈"，檐口有白瓦头和锯齿形封檐板，厢房屋脊低于正房。脊首、檐口、脊翼均有讲究。

脊首摆放在中梁上，朝向堂屋方向，形似轱辘钱，寓意财源滚滚，兴旺发达。厢房的屋脊、脊首低于正房，因厢房多为子女、兄妹居住，按长幼有序的道德伦理，辈分小的居住的房屋屋脊需低于正房。而正脊两边的脊翼高高起翘，其目的是装饰和压顶，如大鹏展翅，也能更好地采光和抛雨水。檐口的瓦头具有垫脚石的作用，抵住屋面上的瓦不下滑，白色是装饰。封檐板是为了保护椽子，刷成白色，以前是石灰，现在是防腐漆。

2）民俗与院落

作为公共空间和私有空间的过渡领域，院落是除建筑外在村民生活中出现最频繁的场所。通过对木瓯水民居院落调研得知，院落的功能、尺度与村民日常生活息息相关，同时也感受到村民在有限的自然生产条件下无限的创造力以及淳朴乡间生活中浓厚的人情味。

（1）适应——生活习惯与院坝尺度

①晾晒作物

木瓯水盛产水稻、小米、花生、玉米和豆类，还有优质的红薯、花椒、油茶等。通过调研发现，不同季节院坝里晾晒着不同的农作物。春季、夏季院坝多晒稻谷、玉米，秋季、冬季多晒油茶、红薯、荞麦、红薯粉等。院坝的尺度通常与建筑面积成正比，院落阶沿宽度通常在1.8～3米。辣椒、花椒等多用筛子、簸箩、笆斗等盛好，或直接放置在阶沿地面，又或放在条凳上置于阶沿处。而稻谷、玉米、荞麦等则置于院坝中央大面积铺开，旁边放置挡耙，便于摊开或收拢谷物。

②晾晒衣物、置物

在乡村的日常中，村民的生活以便利为主，没有过多的约束。因此，院坝还有一个切实符合村民生活习惯的重要功能——晾晒衣物和堆放农具、杂物。木瓯水建筑都是坐北朝南，衣物往往晾晒在院落廊柱下朝南方向，随意系在柱头的麻绳上，阳光充足时挑出的檐口也足以为衣物遮风避雨。风车、打米机类稍大型农器具也置于廊柱下，需要用时挪至院坝中央使用即可。平时村民上山、下田回到家中，也直接将背篓、箩筐等农具放置在门口，没有过多的讲究。

（2）服务——人情往来与院落功能

院落这一过渡场域因其本身融合了多重行为要素而表现出多元的文化形态，不仅体现于村民自身的生产生活，还体现于村民之间的人情往来，这是院落所负载的另一种社会文化功能。

①婚嫁

《彭水县志》记述，男婚女嫁为民间头等喜事，准备要充分，礼仪要讲究。婚期前一天男方去女方"打客单"，回家后按打客单时所得准确数字组织人力，当天晚上"齐夫"。婚期当天，接亲队伍由吹师开路，介绍人前行，押礼先生率新郎前往女方家。到女方家前院坝，首先主人会燃放鞭炮，然后乐队、押礼先生入堂屋，女方派送亲的人对应接待。女方捡礼、宴请接亲人后即发亲，女方亲友扶新娘从堂屋退至大门转身进入院坝，依照顺序新郎接新娘沿男方来路返回。新娘到男方家时，由指定男女把送亲客接到先设立的客房吃茶，另一人接新娘到堂屋，由主婚人组织仪式，即面对神龛叩首三拜（拜天地、拜父母、对拜）或三鞠躬。中午在院落举办宴席与亲友见面问好，俗称答礼，由新郎带着新娘逐席逐人介绍，新娘按男方的称呼认亲并递烟点火。晚饭后，院落摆出糖果香烟，让亲友聚坐在院子里，长辈赠话道"一张桌子四角方，粑粑糖果摆中央，瓜子香来糖果甜，荣华富贵万万年"。富裕家庭还会请乐队、点唱歌曲，在院落中央表演以示祝贺。

②丧葬

木瓯水苗寨按不同家庭的实际需求做道场，一般会进行5～7天。灵柩放在堂屋神龛之下，灵柩内叠放枕、衾、被、冥巾、纸卷等，棺下点上脚灯。堂屋门口放置贡品桌，桌上皆是亲戚好友带来的贡品，祭奠后可供大众食用。贡品桌旁一般堆放着"纸活儿"，待到发丧之时烧掉，叫作"烧灵"。院坝中央是酒席，由于参加丧仪的亲友数量众多，而农村院坝尺度有限，往往是分批次就餐，也就是村里人称的"流水席"。

此时的餐食数量同样众多，仅凭厨房的空间不足以备餐，因此主人家都会在院坝不影响通行的一侧准备由桌椅搭设的简易备餐台，桌上放着准备的菜品，旁边是甑子蒸的饭和炉灶烧的热水。院坝的另一侧是主人请的丧事乐队，锣、钹、笙、碰钟、唢呐声响彻整个院坝，一是表达对逝者的哀思和尊敬之情，二是缓和悲痛气氛，安慰生者。在院坝的边角空间是随意摆放的椅凳，亲戚朋友在此边吃瓜果边聊天，冬季也围成一团烤火。

③过年

木瓯水村民重视节庆，每逢佳节寨子里都热闹非凡，尤其是过年。自正月初二至正月十五，亲戚们互相送礼、走访，叫"拜年"。过年时客人会给主人送上礼物，礼物通常摆在堂屋的桌上，而院坝则成了宴请客人的场所，当地人称"坝坝席"。主人家中桌凳有限，往往会向左邻右舍借用。此时的院坝是一年中最热闹的时刻，主人家以及帮忙的客人在院坝里打糍粑、磨豆花，客人聚在院坝里烤火、聊天、打牌，炊烟袅袅，年味十足。待到中午、晚上，主人家端出准备的美味佳肴，众人杯来盏往，其乐融融。此外，大约腊月的时候，很多家庭还会杀年猪，一是为品尝鲜肉，二是为制作腊肉。杀年猪之家会邀请左邻右舍或亲戚朋友帮忙，一般4～5人，同样在院坝进行。杀年猪一般要经过杀猪、接猪血、刮猪毛、开膛破肚、去除内脏、猪肉分块等流程，杀完年猪，主人也会邀请左邻右舍和亲戚朋友一起吃晚饭，俗称"吃刨猪汤"。

（3）提供——传统手艺与制作场地

木瓯水苗寨村民自给自足，拥有手工酥食、糍粑、灰豆腐、苗绣、草凳编织等众多传统手工艺，院坝由于其开阔的空间、明亮的采光，为传统手艺的制作提供了最佳场地。

①石臼

在木瓯水院坝，家家户户都放置着一个用来打糍粑的石臼，糍粑是木瓯水乡间的一种美食，香、糯、软、绵，让人向往，一饱口福。糍粑制作方法也简单，将选定的上等白糯米放进大缸浸泡24小时以上，然后将泡好的糯米放进木甑里蒸，上汽之后浇点水，再蒸40分钟就可以起甑捶打。打糍粑在院坝中央进行，用到的主要工具是石臼和木槌，需两人同时配合进行。一人用木槌用力捶打石臼内蒸熟的糯米，捶打一次另一人就双手沾上冷水翻揉一次，如此往复，最终将糯米捶打成黏乎乎的一团。打好的糯米团裹上豆沙馅捏成拳头大小再压扁，一个圆溜溜的糍粑就做好了。打好的糍粑可以做成不同形状晾干，作为馈赠礼品，食用时烘烤、煎炸，根据不同口味，蘸上蜂蜜或白糖食用。

②草凳

草凳用稻草编织而成，是木瓯水苗寨民居家里的"标配"，也是鞍子镇特色的传统手工艺，村里的老人时常坐在院坝草凳上休息闲谈或进行简单的手边活路。编制草凳通常在院坝中进行，如今只有少许老人存留这门老手艺。草凳编织的顺序是先凳芯后外胚。第一步编草凳的骨架凳芯，先将稻草一分为三，缠绕成草链子，一束稻草快编完时不断添加新稻草。然后用编好的草链子卷起一束对折的稻草，并用铁丝捆紧。再用布包住凳芯的两端，同样用铁丝捆紧。第二步捆草绳，在凳芯的一侧穿入一束稻草同样编成草绳，留出两根稻草来串联草绳，按照同样的顺序沿着凳芯的外围捆满，捆到另一端中心收口。最后，用剪刀修整多余的谷草。草凳使用轻巧，透气排热，冬暖夏凉，深受村民喜爱。

3）民俗与公共空间

在乡村地域范围内，公共空间是承载村民生产、交往、体验、娱乐等日常社会活动的物质空间载体，是维系当地居民地域认同感的重要场所。

（1）维持——信仰观念与自然环境

①风水树

风水树位于朝门脚寨子正南方，谢氏一族自古以来就敬畏自然，将古树敬为神，在村落保护发展中，村内老老少少多次要求将古树保护好，把村口营造好。在村民眼中，这几棵古树能锁住村内财源不外流，是他们发家致富的寄托，因此古树在村民心中有着不可撼动的地位。

②夫妻树

双树为水青冈，古树级别为二级，树龄已有400余年，管护人为村民谢永昌。此树成双成对，相互偎依，俨然一对夫妻，不管是百年干旱还是世纪霜冻，都不离不弃，当地称它为夫妻树。村内男女成亲后，父母均要带小两口叩拜此树，希望小两口恩恩爱爱、天长地久、多子多福，所以又有"送子树"之说。

（2）共生——生产需要与亲水空间

"千个屋基、万个水井"是苗族迁徙定居的一个写照。谢氏一族更是如此，其定居木瓯水后，多处开源节流，修筑水井，井水供村民饮用和日常生活使用，水井旁的溪水则供村民洗涤蔬菜和衣物所用。其中，灶泥塘有一水井颇受村民重视，此井为村民谢通天修建，水井砌筑简单，外形为"亚"字，寓意方正、刚正，"亚"字有尊贵之意。

除了水井，木瓯水还常见水塘、稻田。有的水塘养鱼，有的水塘种植大片荷花，夏日荷塘蛙声片片、景色诱人，冬日可见村民在暖阳中挖藕的场景。比水塘更常见的是稻田，整个鞍子镇现有优质水稻基地200公顷，彭水县自有品牌"苗妹香香"更是远销各地，故有苗寨歌谣："苗妹香香米质新，口感香甜又滋润。品种纯净无杂粟，清洁保健利养身。"

（3）跟随——艺术表演与活动空间

彭水艺术民俗资源极为丰富，有"鞍子苗歌""高台狮舞"两项国家级非物质文化遗产；"彭水苗绣""郁山泼炉印灶制盐技艺"等35项市级非物质文化遗产；"陈氏武术"等245项县级非物质文化遗产。在木瓯水苗寨，不乏大大小小的公共活动院坝。平日里，老人们在此聊天、散步、晒太阳，孩童们在此活动嬉戏，而每逢佳节，这些公共院坝便迎来了最热闹的时刻。节庆期间，院坝锣鼓喧天、歌声嘹亮、舞姿翩翩，节目内容丰富、形式多样，村民们欢聚于此，自娱自乐、热闹非凡。彭水县政府、县文化和旅游发展委员会也时常组织"苗族赛歌会""民俗会"等活动丰富村民的娱乐生活。公共活动院坝是民俗艺术传承的物质基础，是村民娱乐活动的载体，对民俗艺术的传承至关重要。

3. 基于民俗与乡村生活空间内生逻辑的设计启示与设计对策

通过研究木瓯水苗寨民俗与生活空间的内生逻辑可以发现二者互生互促，而这种互动关系加以合理利用可以引导民俗与空间的双向良性发展。这样的良性发展，不仅可以利用民俗创造特色的空间环境、利用空间弘扬民俗文化，还可以深入地促进空间的改良与优化、引导村民行为模式，进而改善生活居住的品质。本节在"内生逻辑"的基础上得到设计启示，并从设计策略、指导思想、处理手法三个层面为乡村的建设发展提出设计对策。

1）基于民俗与乡村生活空间内生逻辑的设计启示

（1）尊重"地域性"的价值源头

中国乡村的"地域性"来源于地域辽阔且多民族共处的华夏文明，各民族在地区差异性的基础上又衍生出多样化的生活方式和文化特征。民俗与乡村生活空间皆是乡村历史进程中积淀的古老智慧，而"地域性"是二者最大的共性，是乡村文化价值的源头，也是二者区别于其他乡村发展要素核心竞争力的集中体现。因此，唯有充分尊重"地域性"，才能保持乡村独特的文化价值。罗马时期著名建筑学家诺伯格·舒尔茨提出了一个全新的理论——场所精神，该理论以使用者对场所的感受为出发点，提出场所具有方向感、认同感、归属感，并指出人与空间的情感联系是场所生成的关键。在研究乡村的过程中，可以增强空间的可识别性和吸引力，营造符合地域文化身份、具有场所归属感的乡村空间。

（2）强调"人"的逻辑主体

以人为本是乡村发展的核心立场，"人"是将民俗学与环境设计学科联系在一起的纽带。当我们深入乡村重新审视村落的形态构成时就会发现，空间存在的本质意义就是承载大量的生活内容，而生活空间与生活方式互相影响的耦合机制，正是源于二者共同的媒介——"人"。人既是空间的使用者又是空间的建造者，既是生活方式的行动者又是生活方式的塑造者。然而在市场经济的发展中，乡村渐渐沦为资本的盈利工具。乡村居民在与政治、资本的博弈中往往处于弱势地位，甚至面临沦为边缘化角色的危机。"人"始终是乡村日常生活实践的主体，理应受到尊重，且不可本末倒置。因此，在乡村保护发展的进程中，必须充分尊重乡村居民对生活方式的话语权，强调乡村居民对生活空间的决策权，恢复乡村空间应有的温情。

（3）关注居住需求与生活方式的动态变化

在经济快速发展的信息时代，乡村跟随社会共同发展，因而村落的建构思想也在发生巨大转变。新思潮、新观念、新事物涌进乡村之后，乡村的居住环境开始向一种动态的、多元的发展模式转变，生活模式、空间构成在此过程中不断更新迭代。然而，即便如此，村民作为村落的居住主体，他们的生活需求仍然区别于城市的生活模式，乡村仍旧且必须具备"乡村性"。同时，村民的生活模式影响生活空间的组成与置换，生活空间又影响生活模式的形成与发展。在外部信息冲击与内部互动发展规律的共同影响下，我们必须密切关注村民的居住需求与生活方式的动态变化，让设计在保留"乡村性"的同时更好地服务于人。

如果说对"地域性"这一价值源头的尊重和对"人"这一逻辑主体的强调是从民俗与乡村生活空间二者当前联系的角度来反思乡村建设，那么对居住需求与生活方式的动态变化则是从二者未来发展的角度对乡村建设进行展望，直面乡村的本质需求，让设计更好地为乡村服务。

2）设计策略：空间外力构建，文化内力助推

（1）生活空间传承习俗文化，民俗融入助力空间特色塑造

在全球化背景下，当代生活方式呈现多元的特征，不管是城镇居民还是乡村居民，对新生活的追求都可谓日新月异。在此语境下，传统民间习俗在村民心中的地位岌岌可危，民俗本身也面临趋同化、庸俗化、商业化的挑战。如何在"新时代"与"旧民俗"之间寻找一个平衡点，是当代乡村建设的痛点。乡村空间的设计理应接轨现代生活方式，而使村民获得足够的心理安全和情感寄托却是设计的重要前提。设计中将空间作为民俗的载体，可以帮助文化习俗的传承和发扬，满足村民的精神追求。

在城镇化的快速发展中，乡村面临失衡失序的危机，乡村特色渐渐丧失，其自身价值受到极大的影响。在此背景下，将生活习俗作为一个绝佳的突破口，可以为空间的重塑提供良好的启示和全新的观察视角，形成具有地方认同感的人文景观，助推乡村的繁荣发展。人的欲望和需求创造着新的空间形态，生活习俗将生活空间内的生活内容不断丰富、置换和外延杂化，因而生活习俗也可以对空间进行渗透和支配。物质实体性是空间存在的主要表现形式，因此通过对物质的精神生产实践，对空间进行常识联想，可以赋

予空间意义，进而生成符号化的表征空间。作为一种新常态形式，生活习俗再塑空间是一种理念创新，也是一种机制创新。

（2）生活空间引导行为模式，行为限定促使空间功能完善

在乡村的自发性生长过程中，行为适应着空间的影响，空间接受着行为的支配，这种适应与接受、影响与支配是被动的。而设计则要化被动为主动，既然空间可以影响行为，那么空间就可以引导行为变得更合理与适宜。既然行为可以支配空间，那么行为就可以促使空间变得更舒适与宜居。优秀、亲和的设计可以促使空间功能变得更加完善，可以协助形成村民适应的居住生活方式，从而起到稳定、激励村民的作用。灶火设置在室外这一空间变化引导着村民室外烧火这一行为，室外烧火这一行为反作用于空间，致使厨房室内的空间得到释放与改良。当代乡村建设中可以以此获得启发，主动性地让空间引导行为方式往更优的方向发展，行为方式让居住空间通过置换、分隔进行改良，二者相辅相成、相得益彰。

（3）生活空间改善生活品质，方式转变引领空间秩序优化

民俗与乡村生活空间跟随乡村发展不断衍化，有的随着时间的推移不停地演变，推陈出新，有的则由于村民思想的禁锢、受教育水平的限制等原因得不到良好的发展，这样的空间和生活方式是滞后的、是过时的、是不能与现代生活接轨的，这和与时俱进的发展观念是相悖离的。例如木瓯水苗寨村民的生产生活中，院坝的日常功能呈现多样化且无序的特征，集晾晒粮食、晾晒衣物、堆积器物、休息纳凉于一体，这符合他们"随性"的生活习惯，却造成了院坝杂乱、影响日常通行、影响劳作效率等负面影响。乡村保护发展并非简单表现地方习俗，而是以人的角度认真审视营建的出发点，建立文化与空间的互动机制，并以发展的眼光进行扬弃式传承，将人的作用力置于动态的过程中，在有序的良性互动中对乡村营建模式进行调整。因此，设计师必须准确提取乡村原生优势，并适当引入现代建设理论，改善村民生活品质，促使空间秩序优化，使乡村营建不仅融入地方环境，也适应现代生活诉求，在内外对等的基础上抉择出真正匹配乡村发展的营建机制。

3）设计实施的指导思想

（1）保留原真性，唤醒文化自觉

马康纳认为旅游是一种社会事实，并将舞台真实理论引入其中，这一举措引发了相关学者对于文化"原真性"相关话题的争论。科恩曾表示"原真性"并不等同于原始或一成不变，相反，"原真性"其实是可以被创造的。在传统村落景观中，原真性分析源可分为生态、物态、情态三种景观类别。生态景观以自然为发展基底，物态景观以人为建造为发展基础，情态景观以村民的行为模式和精神寄托为发展根源，三种原真性

景观都是在漫长的历史进程中积累而成的，也正是这些原真性景观赋予了村落地域文化价值。在村落的保护发展中，应当将原真性保留且置于考虑因素的第一位，从原真性的角度思考村落的未来，可以保护村落的自然、人文与民俗景观，激活村落的内生动力，增强村民的文化自信，赋予乡村真正的灵魂和价值。

（2）坚持创新性，强调理念认知

源于经验的普世规则是社会发展的主导力量，创新意识与创意思维是社会进步的动力源泉。民俗和乡村生活空间在历史进程的推进中不断进阶演化，思维和技术的创新是它们前进的动力。在乡村的建设发展中，一味地还原所谓工匠职能注定被淘汰，民俗和乡村生活空间的发展必须坚持选择性地传承和创新性地表达，对于不适应现代社会步伐的生活习惯和技术手段当弃则弃。

在日新月异的社会发展中，审美水平的提升和科学技术的进步都对设计者创新的理念认知提出了更高要求。设计的创新由形式的创意表达和内容的价值体现两方面构成，形式的创意表达是设计创新的外壳，内容的价值体现是设计创新的内核。乡村建设中必须兼顾内外，追求既凸显艺术气息又富含设计内涵的作品，只有将这样的设计理念贯穿整个乡村建设的始终才能让乡村步入进步发展的轨道，实现真正意义上的振兴。

（3）把握延续性，激发责任意识

由于人类工业文明的巨大消耗，造成了全球性的环境污染和广泛的生态破坏，为避免地球环境的持续恶化，20世纪80年代，人们提出了可持续发展理念。该理念一经提出，便引起了国际、国内的广泛关注，"可持续发展"理念渐渐涉及社会、经济、生态等各个研究领域，同时也包括乡村发展领域。

先秦道家"天人合一"的理念强调达到人与道合的境界，即倡导人与自然和谐共存，这与20世纪的"可持续发展"理念不谋而合。"可持续发展"理念体现了当代人的责任意识，一方面关注生态绿色可持续状态的维持，另一方面强调经济可持续发展的控制。乡村建设中应当重视合理的成本控制，反对推翻重建、大拆大建的改造方式，在突出地域特色的前提下采取低消耗、低影响的开发模式，着眼村落的健康可持续发展，最终在强调民俗文化传承和将自身民俗文化作为依托的同时发展经济，做到生产、生活、生态"三生"的有机融合，实现宜居与宜业的有效统一。

（4）兼顾教育性，强化模塑作用

作为中华传统文化中的重要分支，民俗文化对提高我国的文化软实力具有重要意义。对群体中个体的模塑作用是民俗文化极为鲜明的一项功能特征，这也使其成为国家文化发展的重要教育资源。在古代社会，民俗肩负着重要的教育任务，原始民族和半开化的国家多数民众不依靠学校来作为教育的机关。他们的教育机关是整个社会和许多家庭；礼仪、习尚、禁忌艺术都是他们具体的教义和教材。即便在现代文明社会，民俗文化仍然是教育的重要内容。

如今，研学旅行之风再次盛行，学生走出教室、走向户外进行考察，从自然、社会中获取知识已经成为一种新型的校外教育模式。在这种实践为主的教育模式引导下，民俗文化将对青年学者正确的人生观形成和健康的民族精神培养产生积极的推动作用，因此应当合理利用习俗这一特性，在传承中兼顾教育性，也在教育中更好地助力其传承的实现。

4）设计应用的处理手法

（1）活态展示，生动传承

"活"从其字面意思可以理解为有生命力的，"态"指的是外显的状态，民俗的"活态传承"赋予民俗可以生存的状态进行传承，它不同于博物馆文字记录、图片保留式的静态保护，而是通过人为介入"参与—反馈"模式对其文化内涵进行传递。民俗"活态传承"的要点有二，其一在其原生的生长环境中展开，其二在人的参与融入中进行，其内涵是通过生存主题的再现维持生命力。

活态传承是一种生动有趣的艺术传播与文化表达形式，摆脱了"博物馆式"传承的呆板与枯燥，以表演的形式传达民俗拉近了传播者与接收者的距离，这样的交流形式更加耐人寻味、深入人心。设计中将民俗中的地域特色转化成为特色景观活动，使之在当下的乡村环境中以"活"的状态走进现实生活，提高了村民的归属感，也提升了空间的文化内涵。

（2）文化仿生，形神合一

采取借用、简化、重构、隐喻等手段将文化事项拟作仿生对象，提取文化事项的形态特征、行为模式、情景状态表达于仿生对象之上，这便是文化仿生在设计中的具体处理方法。在乡村，特别是少数民族传统村寨，民间都有一些自己独特的民俗符号，例如西兰卡普被称作"土家之花"，可以作为土家族的文化符号；又如东巴神谱被纳西族人寄托神佑之说，可以作为纳西族的文化符号；再如牛被苗族人看作富有灵性的吉祥动物，牛角也可以作为苗族的文化符号，在文化仿生中通过象形处理将这些民俗符号进行提取可以达到深入人心的艺术效果。象形处理的过程中，可以考虑对具象的"形态"进行提取，也可以考虑对抽象的"神韵"进行提炼，分别运用到空间环境中，引人联想并形成"形似"和"神似"两种不同的艺术效果。这些"形"和"神"不仅可以带来审美的享受，也因蕴含独特的地域要素催人产生对其文化内涵的深思，是传播地方民俗的极佳手段。

（3）渗透延伸，抽象拓展

渗透延伸的应用手法是指通过功能的现代化演绎，用现代化的设计手法沿用乡村的生活方式，将其渗透于设计之中，赋予设计新的文化语意。首先整合孤立的民俗元素，然后使用现代设计思维对其进行具体化地展示和现代化的艺术创作，最终创建符合现代审美倾向和具备文化艺术内涵的功能空间。渗透延伸手法的运用，可以为村民提供舒适、高质量的乡村生活环境，同时为游客提供可赏、可学、可感知、可体验的游览空间。以木瓯水独具地方特色的火塘为例，在设计中可以考虑将这一当地独有的功能用现代化的手法进行沿用，在不破坏原有风俗特性的基础上对其生活情态进行提取，探索更适应现代审美和使用需求的新形式。

（4）互动参与，真实体验

民俗文化在引导空间设计时，必须强调公众互动参与的重要性，激发原住民和来访游客的积极性。原住民的参与是乡村地域保护的内生力量，来访游客的参与是乡村旅游发展的外部力量，村民与游客的动态参与和静态的乡村环境结合可以实现"村民—乡村—游客"真正融合。乡村环境构建需要民俗节庆参加、民俗工艺体验、民俗表演参与等的融入，以交互作为指导思想，通过增加体验式参与，让村民获得主人翁感，让游客体验真实的过程，增加人与空间互动的趣味性。

4. 设计实践：重庆市彭水县木瓯水苗寨的保护发展设计

1）项目分析

在前文的调研与总结中，已经对重庆市彭水县木瓯水苗寨的项目背景作了比较清晰的阐述。通过分析可以发现对于木瓯水苗寨的保护与发展，场地具备以下优势：（1）村落传统建筑特色鲜明，风貌完好。（2）传统民俗传承较好，村民保留了苗族的生活习惯和社会风俗。苗寨拥有木雕、石雕、草编等传统工艺，糍粑、石磨豆腐、腊肉等特色美食，娇阿依、高台舞狮等传统艺术。（3）自然生态资源丰富，坐拥山体、水系、农田以及成片的古树名木。此外，经文化和旅游部、国家文物局等专家委员会审查，木瓯水苗寨已于2019年6月6日正式列入第五批中国传统村落名录。同时，场地也存在着部分建筑破损严重、院落杂乱、道路规划混乱不便行走、周边配套设施不完善、民俗资源整合度低等现实问题。在苗寨保护与发展的过程中，应在解决现有问题的基础上，充分利用地域优势，实现苗寨的健康可持续发展。

2）设计理念与规划布局

（1）设计目标

面对旅游经济的发展契机，项目依托场地内优越的自然生态基底和民俗文化资源，将设计定位为以传统苗寨的民俗生活为依托的特色旅游村落，整合场地内的山林、水系、农田、传统建筑，全方位展现本土民俗风情。通过对木瓯水苗寨民俗元素的挖掘、利用以及与建筑、院落、公共空间建立联系，改善村民生活品质的同时让他们重拾对苗寨生活的自信心，让游客感知木瓯水特色"民俗景观"的同时真实体验乡村的淳朴生活。总体而言，将"空间延续文化，文化重塑空间"作为设计主旨，形成一个以民俗生活为主要依托，以人群为主体、以场地为基础、以业态为支持的特色旅游村落，从而实现习俗特色的延续、现代功能的拓展、生活品质的改善。通过设计带动木瓯水苗寨的经济发展，把包含社会、生活、精神的民间习俗文化以不同的形式渗透于乡村生活空间，让乡村焕发新的生命力。

（2）设计原则

①保持格局

充分尊重地形现状，顺应生态格局，避免大拆大建，尽可能减少设计所产生的负干扰，以局部优化引导乡村内生自发式的进步。整合利用空间环境资源，以村落为中心，山林、水系、绿地、农田为背景，延续村民的传统农耕生活模式。

②以人为本

深入研究村民与游客的诉求，充分利用地域资源进行引导性建设，满足他们的审美和精神需求，坚持将"人"作为乡村营建中最重要的逻辑主体。

③强调特色

深入挖掘场地物质和非物质文化，珍视历史发展轨迹，尊重历史，保护历史。利用生活习俗对生活空间的渗透和支配，传承建筑风貌、民风民俗、行为活动、意识形态的文化内涵，在传承中塑造富有吸引力的地域景观。

④持续造血

激活乡村内生动力，激发乡村自主发展的全面"造血"能力。乡村振兴，产业兴旺是重点。如果说人居环境的整治是乡村振兴发展的"引力场"，那么产业兴旺则是乡村振兴的"助推器"。设计中必须把握乡村的产业发展，确保乡村的可持续发展。

（3）总体规划

设计选点锁定为木瓯水苗寨四个寨子中的朝门脚寨子，基于项目背景、设计目标、设计原则，综合村民需求以及村落发展的实际需要对木瓯水苗寨传统村落进行保护发展设计。

交通上基本不改变现有的路网结构。车行道以现有硬化路面为基础进行修整及优化提升，入口处设置村寨标志牌与停车场，停车区域面积适应实际需求。村庄内部延续木瓯水生态肌理，梳理道路、规划路线，增强寨子内部的通达性，使乡间道路满足村民及游客日常出行的安全性与便捷性。建筑上对其功能进行规划，根据现有条件的适宜性与村民意愿选取部分民居规划民宿，其余民居建筑进行保留与修缮。在内部道路中用景观节点进行串联，充分利用夫妻树等原有场地资源，将民俗渗透其中，展现原汁原味的民俗生活，让木瓯水民俗文化发挥最大价值。

3）民俗与空间互动的设计方法

在"以传统苗寨民俗生活为依托的特色旅游村落"的设计定位下，设计思路遵循乡村生活空间"建筑—院落—公共空间"的研究次序。建筑上主要分为普通民居和特色民宿，普通民居的受众是当地村民，主要通过建筑风貌的提升提高村民的居住生活品质；特色民宿的受众是来访游客，主要通过还原居住情景让游客体验乡村生活。院落上不改变村民原有的农事活动内容，通过特殊装置的引入改变农事活动的方式，实现优化院落空间、提高村民劳动效率等目标。公共空间上，调整路网结构，完善基础设施，整合民俗资源，串联景观节点，让村落空间更好地服务于村民，吸引更多游客。

处理手法上深入挖掘用具、饮食等生活习俗元素，节庆、民俗艺术等社会习俗元素，图腾崇拜、神灵崇拜等精神习俗元素，将前文中总结的"活态展示""文化仿生""渗透延伸""互动参与"手法应用于设计中，为游客创造绝佳的美食、交流、居住、休闲、科普、审美等体验。

（1）生活场景与建筑空间互动

①普通民居

木瓯水苗寨建筑蕴含传统木构建筑文化底蕴，飞檐翘角参差错落、穿斗结构美感独特、木网格窗形式多样，建筑的设计美学中隐匿着传统文化的精髓，建筑的材料结构中融汇着传统工匠智慧的结晶，精巧的构造和优美的形式构成了独特的文化内涵，其建筑本身具有浓厚的地域民俗特征。同时，传统建筑也存在着许多客观缺陷，如屋顶瓦片由于工艺老旧导致瓦片牢固性和密封性差从而引起室内漏雨潮湿，木墙板的材料特性引发的保温隔热性能不足、地面系统防潮设施不足等。针对普通民居，首先应对破损严重的建筑进行修复，对损坏的结构进行修缮，并统一整改周围环境，从而提升传统建筑风貌；其次适当引入现代房屋建造的新措施，建筑屋顶使用防水卷材，木墙板中加入保温岩棉，木地板下增加防潮垫，以现代技术解决传统建筑的客观缺陷。

普通民居的重塑是将民俗风貌的统一和现代技术的运用相结合，从而实现提高村民居住生活品质的目的。

②特色民宿

生活场景与特色民宿的互动中保留苗寨独具特色的火塘围坐形式，运用处理手法中的渗透延伸，将火塘这一传统功能进行现代化演绎。传统苗寨农家火塘的功能作用主要是烤火、烹煮食物、熏肉，而在民宿设计中转变其构造方式、置换其功能材料，转换其功能作用，将火塘与茶歇、书吧等功能相结合，将原来的生活方式渗透在新的功能环境中，赋予其新的文化语意。

　　生活场景与特色民宿的互动是以充分利用民俗与空间逻辑关系为前提，以生活空间的延续传承习俗文化，以习俗文化融入新的空间环境塑造空间特色，是对民俗与空间相互渗透这一逻辑关系的沿用，也是对民俗与空间相互成就这一逻辑关系的把控，打造适应现代审美需求和实用需求创新形式的同时，让游客融入真实的民俗生活。（图7-1）

（2）劳作模式与院落空间互动

　　在前文提到"生活习惯适应院坝尺寸"，木瓯水村民在院坝中进行着晾晒作物这一农事活动，虽然符合日常生活的需要，却造成了院坝杂乱、影响通行、影响劳作效率等方面的负面影响。不仅如此，在晾晒稻谷、玉米时，还存在翻晒麻烦、收拢麻烦、暴雨突袭、麻雀偷吃等诸多问题。

　　劳作模式与院落互动的目的是集中解决院坝传统晾晒作物中存在的种种问题。多年来，木瓯水苗寨村民自给自足，显然晾晒作物这一民俗活动不可中断。因此，设计以改变劳作模式的方式对农事活动进行延续。设计中引用现代作物晾晒装置，实现自动升降、震动翻晒、防雨、防麻雀等功能，对传统劳作模式进行重塑，释放院坝原本有限的空间以实现空间的优化，提高村民的劳动效率以改善村民的生活品质。

图7-1　民宿效果图

（3）民间信仰与公共空间互动

"夫妻树"是木瓯水村民心中的信仰，历经400年沧桑的老树相互依偎不离不弃，不仅庇护着村民家庭幸福和睦，也是村里村外众多夫妻求福求子的胜地，具有很高的民俗文化价值。"夫妻树"位于朝门脚寨子的正南方，整个寨子的建筑均朝向"夫妻树"，似乎也在宣示着它们在村民心中的分量。"夫妻树"正前方是一块空地，前来祈福的夫妻一般在这块空地挂红上香，叩拜此树。

设计中民间信仰与公共空间的互动希望对场地中"夫妻树"这一原生自然资源进行重新塑造，让游客了解民俗的同时参与民俗活动，丰富游客的游览体验。材料选取当地木材，造型简洁且易于建造。通过"夫妻树"景观的重建，希望为村民提供一处精神承载空间，为民间信仰注入新的活力，同时增加景观的公共性和互动性，让游客充分理解当地民间信仰，参与民俗体验（图7-2）。

（4）民俗艺术与公共空间互动

民俗艺术与公共空间的互动旨在塑造一个可供村民活动、交流的场所。经过前期调研了解到，木瓯水不乏大大小小的公共活动院坝，平日里，老人在此聊天散步，孩童在此活动嬉戏，每逢节庆还会举行艺术表演。而寨子里的院坝大多由一块简单的空地形成，既不能遮风避雨也没有多余的功能设施。因此，在生

图7-2 "夫妻树"景观节点效果图

活模式重塑的设计中，重新开辟一处集室内室外功能于一体的村民交流中心。

设计选址在朝门脚寨子山顶处，屋顶做成曲面形式，顺应朝门脚地势的同时呈现空间的连续性和延展性。设计的室内空间主要用于村民议事，公共空间主要用于节庆中的民俗活动，保持室内功能的同时最大化地开放公共空间。此外，在调研中还了解到部分民居院坝空间有限，有限的院坝难以满足村民对于过节及婚丧嫁娶举办"坝坝宴"的诉求。因此，村民交流中心还可以为其提供举办"坝坝宴"的场所。

（5）传统技艺与公共空间互动

传统技艺与公共空间的互动旨在将传统农具这一极具地域特征的文化元素与廊架公共空间巧妙融合，赋予廊架审美之外的趣味互动功能，增加了景观的吸引力与辨识度。

设计景观节点以线状肌理连通村民交流中心与其余建筑，设计将米舂、水井、磨盘、石碓、风车等传统农器具巧妙地植入景观廊架，传递当地独特风土人情的同时让游客以舂、转、推、踩、摇等形式参与互动，让游客在趣味游玩中了解苗寨的传统技艺，加强游客与苗寨的联系，使之达到在"游中学、学中游"的研学目的（图7-3）。

（6）民族精神与公共空间互动

民族精神与公共空间的互动引入村民口口相传的"刀梯"和"牛角"元素。"刀梯"象征苗族人民不畏艰险、不怕困难、迎难而上的勇敢精神。"牛角"在苗族民间象征斗胜之意，蕴含阳气极盛的意思。

通过文化仿生的艺术处理手法，提取刀梯与牛角形态创造蕴含独特地域特色的景观，还原村民的精神信仰，促使游客产生对其文化内涵的深思，从而达到深入人心的艺术效果。此外，设计中还提取了木瓯水花窗中龙、凤、蝴蝶、蝙蝠、鲤鱼、仙鹤、鹿的形态植入座椅，与建筑纹样交相呼应，共同表达对吉祥如意和美好生活的向往（图7-4）。

图7-3 互动景观廊架效果图

图7-4 "刀梯"景观节点效果图

5. 小结

在城镇化进程加快、现代化水平提高的大环境下，乡村建设如火如荼地展开，乡村的发展虽然具有政府重视、学界关注的良好机遇，但也面临着村落空心化严重、文化内涵缺失的巨大现实挑战。据此，案例从乡村的民俗和生活空间两个方向着手，将生活空间作为民俗传承和行为引导的外力，将民俗作为生活空间优化发展的内力，以民俗和乡村生活空间的良性互动实现两者的合作共赢，从而带动整个乡村的可持续发展。

本案例完成的主要工作与结论如下：

（1）探索苗寨习俗与生活空间的特征，挖掘其价值与内涵。在研究中，对木瓯水苗寨进行了大量的田野调查工作，以走访、访谈、问卷调查等多种形式取得丰富的一手资料，有利于更加深入、全面和深刻地认识和了解村寨，一定程度上可以补充村寨文化与空间的研究成果。

（2）以"民俗学结合环境设计学"的视角介入乡村发展，丰富乡村建设研究方法。学科之间的协调合作带来全新的审视和探索，可以多视角、多维度、全面地解决乡村发展中的问题，也可为建筑、景观的多样化设计提供一种新的思路。

（3）分析探索以木瓯水苗寨为样本的民俗与乡村生活空间的具体逻辑关系，并以此为基础构建起一套切实可行的策略体系。在实践调研的基础上，本案例从建筑、院落、公共空间三个维度组成的生活空间总结其与民俗的内生逻辑。基于此发现，有针对性地提出设计策略，民俗层面上实现了习俗延续、行为引导及生活品质改善等目标，生活空间层面上实现了空间特色塑造、空间功能完善、空间秩序优化等目标，为当代乡村的建设提供空间建构和生活方式引导层面的新思路，为乡村的综合性发展提供一份有效的智慧样本。

第 8 章

方法

乡村环境设计的创新性
与在地性

8.1 乡村环境设计的创新性与在地性

乡村环境设计是一项综合性的工程，涉及多个方面的考量和实践。创新性设计、在地性设计、与当地社区的互动、可持续发展的考量以及文化创意的融入，是构建和完善乡村环境的重要因素。在接下来的阐述中，我将逐一扩展这些内容，深入探讨每个方面的意义、实践方法和案例分析。

8.1.1 创新性设计

创新性设计在乡村环境改造中扮演着重要角色。引入新的设计理念和技术，如可持续设计、生态设计、数字化设计等，是推动乡村环境发展的关键。

（1）可持续设计强调了在设计过程中考虑到环境、社会和经济的可持续性。在乡村环境设计中，可持续设计可以通过选用环保材料、合理利用自然资源、设计节能环保的建筑等方式来实现，以此来提高乡村环境的可持续性。

（2）生态设计则是将生态学原理融入设计，通过模拟自然生态系统的运作，打造出与自然环境相协调的乡村生活空间。例如，在乡村景观规划中，可以保留和加强自然生态系统，促进生物多样性和生态平衡。

（3）数字化设计是利用数字技术和智能化手段来提升设计效率和品质。在乡村环境设计中，数字化设计可以通过虚拟仿真、数字化建模等方式进行规划和设计，从而更好地满足乡村社区的多样化需求。

8.1.2 在地性设计

在地性设计是指根据乡村地区的地域特点、历史文化和生活方式进行设计，将当地的地理、人文和生态环境融入设计。在地性设计强调了对当地文化和环境的尊重和保护，是乡村环境设计的重要原则之一。

（1）深入了解乡村地区的地域特点和历史文化是在地性设计的前提。乡村地区的地理环境、人文历史和生活方式是设计师进行设计的重要参考依据，只有深入了解了这些地域特点，才能在设计中体现出在地性的特色和魅力。例如，在对乡村村落进行规划设计时，可以结合地形地貌和人文景观，打造出具有地域特色和历史文化的乡村风貌。

（2）尊重当地的传统建筑风格和材料使用也是在地性设计的重要内容之一。乡村地区的传统建筑风格和材料使用往往具有丰富的历史和文化内涵，设计师应该结合当地的建造技艺和文化符号，保留和传承乡村的文化遗产，打造具有地域特色和历史底蕴的建筑和景观。例如，在乡村建筑设计中，可以采用当地常用的建筑材料和工艺，如土木结构、竹木建筑等，以此来体现当地的传统建筑风格和文化特色。

8.1.3 与当地村落的互动

与当地村落的互动是乡村环境设计中至关重要的一环。通过与当地村落百姓的合作和沟通，设计师可以更好地了解他们的需求和期望，从而制定出更加贴近社区实际情况的设计方案。

（1）积极与当地村落百姓合作是互动的基础。设计师应该积极与当地村落百姓合作，了解他们的生活习惯、文化传统和社区发展愿景。通过与村落百姓的合作，设计师可以更好地把握社区的需求和特点，为社区的发展提供有益的建议和支持。

（2）通过村落百姓参与式设计方法，可以激发当地村民的创造力和参与度，共同打造符合需求的乡村环境。村民参与式设计方法强调了设计过程中村民的参与性和主体地位，通过与村民的共同参与和决策，可以制定出更加符合需求和愿景的设计方案，增强设计的包容性和参与性。

8.1.4 可持续发展的考量

可持续发展是乡村环境设计的核心原则之一。设计师在进行乡村环境设计时，应该综合考虑乡村环境的经济效益、生态效益和社会效益，促进乡村的可持续发展。

（1）在乡村环境的节能减排、资源循环利用、生态保护和社会公平等方面，要在兼顾经济效益、生态效益和社会效益的均衡发展。

（2）结合创新技术和当地资源，设计具有生态友好性和经济效益的乡村环境项目，为乡村地区的发展注入新的动力。通过结合创新技术和当地资源，可以打造出既能够满足社区需求又具有生态可持续性的乡村环境项目，为乡村地区的可持续发展提供有力支撑。

8.1.5 文化创意的融入

文化创意是乡村环境设计的重要内容之一。通过将艺术、手工艺和创意产业融入乡村环境设计，可以丰富乡村生活和文化氛围，提升乡村环境的吸引力和活力。

（1）鼓励文化创意产业的发展是实现文化创意融入的前提。设计师应该鼓励文化创意产业的发展，为当地艺术家和手工艺人提供展示和创作的平台，推动传统手工艺的传承和创新。

（2）通过文化创意的融入，可以提升乡村环境的吸引力和活力，吸引游客和投资，促进乡村经济的多元化发展。例如，可以在乡村建设艺术村和文化创意园区，打造具有特色的文化旅游目的地，促进当地旅游业的发展和乡村经济的繁荣。

8.2　乡村环境设计的创新性与在地性项目案例研究与分析

案例：叙事性乡村旅游景观设计研究——以石溪镇盐井村为例

王心怡

1. 叙事性乡村旅游景观设计分析

1）叙事性乡村旅游景观设计表达手法

（1）叙事性乡村旅游景观设计的主题设定

叙事性景观的题材多种多样，从不同的角度分析可以分为：人物纪念、历史遗迹、休闲农业、影视文化、民俗文化等。

①人物纪念——歌颂人性的崇高

伟人往往是对社会创造了巨大价值的人，人们为表示对他们的怀念和敬仰，将他们作为纪念对象融入景观设计，通过雕塑、建筑、纪念碑等设计对他们的事迹进行表现或再现，以此来传承他们的优秀品质和伟大精神。以湖南省韶山市的韶山风景名胜区为例，韶山作为毛泽东的故乡，是毛泽东少年时期求学、生活和革命活动的场所。其中，位于韶山冲一带的故居景区以纪念毛泽东为主题设有铜像广场、毛泽东故居、毛泽东之路、毛鉴公祠等景点，在铜像广场中设立有毛泽东铜像，背靠韶峰，成为整个韶山冲的中心，四周的建筑与植物的围合代表着人民群众对于伟人的拥护、爱戴和崇仰。游客们在游览故居景区的同时，能够通过毛泽东使用过的工具、留下的诗词、生活过的地方去了解一代伟人的人生经历和丰功伟绩。

②历史遗迹——保留延续传统文化

历史遗迹能够呈现出某一历史时期的传统风貌，它记录了那个时期人们的生产生活、风俗习惯、艺术审美等特点。通过将历史遗迹与乡村旅游景观相结合，实现对历史遗迹的保护和更新，同时以叙事的方式对景观空间进行塑造，能够引导游客情绪，提高游客的参与性。以四川省隆昌市云顶镇的云顶古寨为例，整个古寨距今已有几百年的历史，在历史演变中衍生出了川南地区有名的城堡式家族建筑群，一个个建筑背后隐藏着家族的兴衰与社会的变迁。古寨的景观以夜景最为特色，其中"夜半相聚，鸡鸣则散"的"鬼市"传统至今被保留，游客进入其中仿佛置身于那个时代，去体验古人的夜市盛景。

③休闲农业——促进农村农业发展

休闲农业类景观主要依托农业资源、自然资源和文化风情等其他资源，以休闲农业为主题进行乡村旅游景观设计，打造以普及、体验、旅居和观光为主的乡村旅游景观，从而实现城乡发展一体化。以成都锦江三圣花乡的"五朵金花"为例，设计由红砂村、幸福村、驸马村、万福村和江家村组成，以花为主题，四季为切入点，分别组成了"春有红砂""夏有荷塘""秋有菊园""冬有梅林"四个景区，游客可以在一天之内体验春、夏、秋、冬四季变化，通过设计将四季变化从时间的角度转向空间的角度，同时增加休闲观光、餐饮娱乐和教育科普等功能，提升游客的参与度和体验感。

④影视文化——引发人们情感共鸣

以影视为载体进行乡村旅游景观设计，利用其传播快和可视性强的特点，将电影和电视中的人物形象或故事情节附加到景观设计中，让游客在游览过程中能够沉醉于影视的世界。例如，位于日本鸟取县北荣町的柯南小镇，作为《名侦探柯南》作者的家乡，设计师将整个小镇打造成了柯南的漫画世界，并为游客提供扮演柯南的机会，让游客可以沉浸式体验漫画中的解谜过程，感受柯南的出生与成长。整个小镇的食物、路标、街道、学校，甚至当地居民的户口簿上都有柯南的印记，为小镇营造出更加浓郁的氛围。

⑤民俗文化——民族文化的重要根源

民俗文化是由一个民族或集居在一个地区的民众所创造、共享、传承的风俗生活习惯，它是人类发展过程中的文化积淀，是人类文明的宝贵财富。将民俗文化与乡村旅游景观相结合，既能够让游客体验当地民俗活动、感受当地文化氛围，又能够保护乡村独特的文化。例如，位于陕西省咸阳市兴平市李家坡村的马嵬驿民俗文化体验园，马嵬驿作为古代丝绸之路的第一个驿站，是当地社会历史和民俗文化的集中体现。整个设计从建筑、雕塑等方面都还原了古驿站的风貌，并且园区内的每一个农具、服饰、戏曲等无一不为游客讲述着当地的古驿文化，让游客在其中能够切身感受到关中地区的民俗风情。

（2）叙事性乡村旅游景观设计的空间组合

在叙事性乡村旅游景观设计中空间的不同组合方式能够构建出不同的景观空间，也能营造出不同的空间氛围，传递给游客不同的景观体验，最终呈现出不同的故事效果。根据景观空间不同的组合方式，可大致分为线形组合和集中式组合两种类型。

①线形组合

在叙事性乡村旅游景观设计中，线作为景观空间的构成要素，由点延续而成，同时也是面的边界所在。线或曲或直、或长或短，通过其规则与否的组合方式，可以将空间进行分割与联系。方向性作为线最主要的特征可以引导游客的视觉，设计可以结合场地特征，运用线的疏密、色彩、形状等变化塑造景观空间形态，让线成为推进景观叙事的有效形式。关于线形组合可以分为以下几个类型：

第一，线形重复，其组合方式主要是指在形式和功能上都具有统一的空间效果，这种重复的方式让游客在视觉上产生一种节奏感和韵律感。从平面的角度来说，其是一种平面构成的关系；从空间的角度来说，其构建了一种立体结构关系。在乡村景观设计中，以点和线的形式作为线形重复的两种方式，以山石、植物、雕塑等作为点状的元素进行景观设计，形成设计的视觉焦点，突出设计主题，实现景观在视觉上的冲击感。点状元素之间连接越紧密，其形式就越趋向于线，线的形式可以通过道路、墙垣、流水等元素来表达，重复的线形能够表现出一种延伸感，为游客指明观景的方向。同时，线形元素的重复使用还可以为整个设计增加动感。

第二，线形弯曲，主要是指在形式和功能上都具有丰富变化的空间效果，这些景观将它们所包含的人文故事进行组合，再将其纳入线形的景观空间，从而进行景观叙事。这种形式可采用曲线或折线的形式进行设计，折线在形式上更加统一、严谨，也具有机械般的冷漠感。因此，在乡村旅游景观设计中常常使用自由式曲线，其形式更加柔和且富有人情味，能为游客呈现出更加丰富的情感。

②集中式组合

集中式组合是指将一定数量的次要空间围绕主导的中心空间进行组合的方式，形成一个稳定的、向心式的空间结构，这种组合方式通常运用在叙事性乡村旅游景观的广场区域。其设计通常以某一个大空间为主，将其他次要景观的尺度、形式、色彩、功能等弱化处理，使整个景观空间主次分明、逻辑清晰。其中，可以从集中式组织的位置、比例、整体感三个特点进行说明：

第一，位置特点，在景观设计中，核心景观通常是整个叙事空间中的重点区域，它是呈现整个故事主题的主要部分，同时还能对景观中其他次要景观产生引导和控制作用，使其他次要景观成为其故事主线的一部分。

第二，比例特色，将核心景观作为中心点，其他次要景观根据核心景观的布局进行设计，让核心景观在色彩、形式上有一定的变化，而四周的次要景观在色彩、形式和尺度上较核心景观有所减弱，从而形成一个有节奏感的叙事空间。

第三，整体感，核心景观在文化内涵、空间视觉、细节塑造等方面需要注重与其他次要景观的关联性，同时也要注重核心景观与场地环境能否相互融合形成一个统一的整体，向人们展示景观的内在精神和文化内涵。

（3）叙事性乡村旅游景观设计的表现方式

在叙事性乡村旅游景观设计中，不同的表现方式能让整个叙事过程变得跌宕起伏、曲折动人，这对整个景观叙事节奏的构造和景观的故事表达效果有重要意义。将叙事性设计的表现方式分为静态叙事和动态叙事两大类，让景观所包含的故事内涵通过这两种方式变得更加清晰直观且有感染力。游客在游览过程中难免会对景观赋予内在含义的理解有所偏差，通过静态与动态的叙事方式让景观表现得更加准确和生动，游客对于景观的感受也更加深刻。

①静态叙事

静态叙事是一种在绘画和摄影作品中常见的组织方式，它通常是在描述某一时刻的行为特征或场景，以此作为纪念，例如奔跑的瞬间、舞动的舞者、园林中的框景等，这些场景充满了故事性，引人联想。在景观设计中设计师常常通过植物、绘画、雕塑小品、历史遗迹等形式来表现静态叙事。其中，雕塑是最为普遍的一种静态叙事方式，它能够刻画人物的生动表情，也能够再现故事场景，将其与场地进行结合，能够为整个空间营造故事氛围，还可以丰富故事内涵。

②动态叙事

景观的动态叙事强调设计对游客视觉连续性的影响，设计的连续性越强，对于游客视觉导向的作用也越强。自然环境和人物行为是影响景观动态叙事的两个因子，自然环境中气候、土壤、地形地貌等影响着自然景观的形成，人物的不同文化背景和不同年龄层次也表现出不同的行为方式。因此，在动态叙事过程中设计师可以通过对游览路线的合理安排，对景观的巧妙布置，运用植物、坡地、石块等自然景观和景墙、水景、假山等人造景观去打造一个具有动态观赏效果的景观流线，感受移步异景的趣味所在。

（4）叙事性乡村旅游景观设计的叙事顺序

叙事性乡村旅游景观设计的叙事顺序影响着景观叙事的结构和呈现效果，也影响着游客对故事情节探索的方向，通过借鉴文学作品中常见的叙事顺序，并将其运用到设计的景观节点中，将景观节点与叙事顺序相互融合创新，打造出具有逻辑关系的叙事性景观，对此可将叙事顺序分为顺叙、倒叙、补叙等类型。

①顺叙

在文学作品中，顺叙是一种将事件按照发生的时间先后顺序进行叙事的方式，这种叙事方式使整个故事自始至终层次分明、条理清晰、结构完整。在景观设计中，顺叙的方法可依据时间的发展、地点的转换以及事件内在逻辑的变化等方式进行不同类型的叙事。

②倒叙

根据叙事文本表达的需要，将故事结尾或其中一段重要的故事情节放在叙事的开始，再根据剧情的发展顺序进行叙事，这种叙事方式称为"倒叙"。在景观设计中运用倒叙的方式能够丰富故事的叙事结构，增强故事的表现力，吸引游客的注意力，并为游客提前展示故事的主题内涵，让整个叙事变得生动曲折。

③补叙

在叙事过程中，根据故事内容的需要，通过某些故事情节对前面所要讲述的事件或者要描述的人物进行补充交代，这种叙事方式叫作"补叙"，也称"追叙"。将其运用到景观设计中主要是对故事情节的补充说明，更有利于故事主题的表达。

（5）叙事性乡村旅游景观设计的修辞策略

修辞作为人类语言的一种表达方法，是人类语言文化的重要组成部分。在叙事性景观设计中，修辞策略的运用是为了通过艺术化的方式更加生动形象地展示故事情节，以便游客理解其中的含义。游客作为景观的接受者，需要设计师从游客的角度探索故事情节的最佳表现方式，将景观的形式、结构、材质和色彩进行艺术化处理，从而增强景观的视觉感染力，提升游客在景观中的情感体验。在叙事性乡村旅游景观设计中常见的修辞策略有隐喻、反复、命名、典故等。

①隐喻

对于隐喻的研究最早可追溯到古希腊时期，其意义在于将一个词语赋予其另一个含义，也就是用一件事比喻另一件事。隐喻作为一种修辞手法，是在一件事的暗示之下对另一件事产生联想和感知，并由此理解其中的语言和文化行为，以此来提升观者的感知度。在叙事性乡村旅游景观设计中，游客与景观的情感交流建立在对景观空间认知的基础上，人们必须对景观空间有所理解，才能感知其中的内涵。设计师通过隐喻的方式将事物的材质、色彩、形态等进行抽象化处理，实现对景观的隐喻表达，并引导游客从中联想或回忆相关要素，使游客在之后的景观空间中能主观探索其中的叙事内容。

②反复

在文学领域采用反复的叙述方式让某个论点能为读者制造一种悬念，以吸引读者的注意力，提高作品对于读者情绪的感染力。将其转换到叙事性乡村旅游景观设计中时，可以通过反复运用同一种形式增强空间的情感表达，强化故事的情节构成，突出景观的主题内涵。运用反复的修辞策略还可以将各个景观空间相互串联，使不同的景观空间变得更加统一，更有助于游客体验故事情节。

③命名

命名作为故事和场所最初的部分，是其内容的浓缩。名字的背后是地方文化、历史故事、价值观、权力与财富等方面的缩影。命名赋予了物体、故事或场景一个称号，这种创造性行为能够将过去、现在与将来相互连接，同时还能将一个物体和场景置于叙事中，以此预示着叙事的开始，并与它引出的系列问题共同构成了故事的情节。

④典故

典故通常源于远古的故事和词汇，也可以指富有教育意义且为公众所熟知的人或事。通过对历史故事和人物传说的发掘，结合叙事主题，以不同的景观形态为游客提供想象和感知的空间，体会典故带给我们的隽永韵味。以典故作为修辞策略进行景观设计，当属园林景观最为常见。例如，位于留园中部的水池东侧有一个名为"曲溪楼"的建筑，其门洞上有"曲溪"二字，正是源于"曲水流觞"的典故。将典故的修辞策略运用到叙事性乡村旅游景观设计中能够引发游客对于故事内容的思考与理解，提升游客在探索过程中的体验感与成就感。

2）叙事性乡村旅游景观设计策略

（1）构建叙事主题，确定故事导向

乡村承载着一个地区的风土人情和乡风民俗，每一个乡村背后都蕴含着丰富且独特的历史故事，它由人类创造，也由人类传播，是一个地区人民的精神之源，促进了人类文化的进步与发展。丰富多彩的历史故事通过不同的诠释和演绎可以创造出形式多样的故事内容，传达出各式各样的主题内涵。法国叙事学家热拉尔·热奈特（Gérard Genette）提出了"聚焦"概念，即"叙事视角"，这一概念的提出为区分叙事学界的"谁在说"和"谁在看"作出了巨大贡献，热奈特将聚焦效果划分为"内聚焦视角""外聚焦视角"和"零聚焦视角"，其中不同的叙事视角与叙述者和人物之间的关系密切相关。我们在叙事过程中对故事主题的确立来源于我们对事物不同的观察点，根据热奈特对聚焦效果的划分，可以将叙事性乡村旅游景观设计的主题在多维视角下进行探讨，从而明确故事导向。

①内聚焦视角：第一人称视角下叙事主题的情感化表达

内聚焦视角指叙事者从故事人物视角出发，借助其意识感知去叙述故事，将这种方式运用到叙事性乡村旅游景观设计中，通常呈现出的是从第一人称的视角构建叙事主题。这种视角的呈现往往基于以人物及其相关事件为主的故事内容，设计师作为叙事者，将自身与乡村历史故事中的人物联系起来，设计师成为这个人物，并且通过人物的视觉、听觉和触觉等感觉体验去挖掘历史故事中的文化内涵和价值。凭借这种第一人称的叙事方式将客观事物以主观的形式呈现出来，以此给观者带来更加亲切、细腻且真实的感受，但同时也表现出设计师更加强烈的主观意识。

②外聚焦视角：多种资源侧面引入叙事主题

外聚焦视角指叙事者以一种冷漠的态度对所见所闻进行叙述，叙事者在讲述故事的同时要避免主观化，且不介入故事中人物的内心活动。通过这种方式进行叙事性乡村旅游景观设计通常针对的是乡村中包含多种资源的情况，无论是农业资源、自然资源还是文化资源，都是构成乡村资源的重要因素。设计师首先应该将挖掘到的多种资源进行拆解，同时舍弃主观情感，站在观者的角度将这些丰富的资源用客观的方式一个个讲述出来，以便观者能有效获得每一个故事碎片，最后观者将获得的故事碎片重构，从而间接性获得景观叙事的主题，通过这种方式让观者在与景观的互动中明确叙事的主题。

③零聚焦视角：第三人称视角直接表达叙事主题

零聚焦视角也指上帝视角，全知性是其最主要的特点，这种视角主要是从第三人称视角出发全方位地把握叙事主题。通过这种方式进行叙事性乡村旅游景观设计，需要设计师能够对乡村的整体故事脉络有全面的认识，并将自身放在第三人称的视角去洞察乡村历史故事的整体脉络，最终将其中的情节和细节客观真实地呈现到设计中，观者由此也能最直观清晰地了解到其中的叙事主题。

（2）生成故事情节，推动故事发展

①开始空间的情节生成

入口是整个景观中最开始的空间，它连接着景观空间的内部环境和外部环境，是空间领域的一种界定，因此入口空间的形象直接影响游客对于整个景观空间的感受。根据不同的方法可以将入口空间的设计分为：简介式开场、惊喜式开场、悬念式开场。

第一，简介式开场是指将入口景观的形式与整个景观的内容保持一致，让游客在进入其中就能对整个景区的叙事内容有大致的了解。一些生态自然保护区、文化主题乐园、乡村文化体验园等景区的入口常常采用这样的方式作为景观故事情节的开端，在设计中通过精神堡垒、主题雕塑或艺术墙绘等方式进行入口景观的设计。例如，神农架官门山景区入口运用一排手牵手的"小野人"作为入口的移动门栅栏，似乎是在欢迎游客前来探索此处的"野人"之谜，而入口正上方设有一对相拥亲吻的野人母子雕塑，并且雕塑与背后幽深的山谷融为一体，象征着人与野人的和谐共处。

第二，惊喜式开场主要是为游客制造悬念，从而吸引游客注意力，推动故事情节的发展。在叙事性乡村旅游景观设计中，常常通过形态、色彩或材质的变化使内外空间产生反差，从而呈现出与游客期望相反的结果，最终让游客在这种动态的景观空间中探索景观叙事的主题。

第三，悬念式开场主要采用了隐喻的设计策略，将景观内部的形式通过抽象或简化的方式融入到入口设计中，从而形成一些不完整且未知的景观形式，由此激发游客的探索欲望，并引导游客展开联想，主动挖掘景观中的文化内涵。

②过渡空间的情节生成

过渡空间一般是景观叙事过程中推动故事情节发展的部分，这类空间往往起到了承上启下的作用，为接下来的高潮部分作铺垫。过渡空间的景观形式多种多样，小到一块铺装、一条路径，大到一座桥、一个构筑物，都能为游客提供一个具有引导性的景观空间。

③高潮空间的情节生成

文学叙事的高潮部分是指矛盾和冲突发展到最紧张、最尖锐的阶段，也就是最吸引读者的部分。在叙事性乡村旅游景观设计中，高潮空间往往是最能凸显景观主题内涵的区域，也是最能打动人心的区域。设计通常将该区域设置为集多种功能于一体且多种文化相互交融的景观空间，其目的是让游客能在多样化的景观空间中满足其探索行为的需求，并激发游客内心的情感共鸣，最终实现对叙事性景观主题的升华。

④结束空间的情节生成

有时结束空间与开始空间具有相同的效果，此时景区的出口就相当于入口；有时结束空间代表一个景点的终点。设计从结束空间情节生成的不同方式可以分为开放式结局、高潮式结局、首尾呼应式结局三种类型。

第一，开放式结局。在电影作品中，开放式结局意味着没有真正的结局，观众可以自己想象结局，通过这种方式鼓励观众进行思考，并给予观众一个独特且满意的结局。在景观设计中，开放式结局能起到展望未来的作用，如青海原子城纪念园以一个名为"和平之丘"的山顶作为景点的结尾，山顶的石条凳上镌刻着"在那遥远的地方"，这便是人类向往的和平共生的境界。

第二，高潮式结局。在文学作品中，高潮式结局往往能够起到升华主题思想和渲染情绪氛围的作用，而在景观设计中，采用高潮式结局的方式可以让游客获得旅程结束的成就感，同时还能提供给游客重新诠释景观内涵的机会。

第三，首尾呼应式结局。运用在文学作品中指文章的开头和结尾描述同样的内容，以此让开头和结尾相互照应，使整篇文章浑然一体。在景观设计中采用首尾呼应式结局进行情节生成，能够形成闭环式景观，让游客在一个完整的叙事结构下体验景观背后的故事内涵，以达到提升游客体验感的目的。

（3）明确空间逻辑，讲述空间故事

空间逻辑也就是空间思维，是一种跳出点、线、面的限制，全方位思考问题的思维方式，空间逻辑影响着设计中的形式、理念表达以及观者感受。通常情况下，每个人都能够根据自身的文化背景和价值观对空间有一定的理解。对于叙事性乡村旅游景观设计而言，地理位置、自然条件、民俗文化等要素影响着设计的表达，明确其中的空间逻辑，就是对空间存在意义的推理和体现，由此可以通过两个部分来生成其空间逻辑。

①平面功能布局的形成

平面功能布局是进行叙事性乡村旅游景观设计过程的开始，它呈现出了平面艺术与功能布局相融合的形式，平面功能布局是三维空间构成的前提，通过以下三种平面布局形式来为乡村景观建立组织排序：

第一，对称式布局形式。这种布局形式具有平衡、稳定的特点，能够营造一种庄严肃穆的气氛，设计师通过设计明显的主轴线，并在轴线两边采用对称的形式，强调整体规律感，打造一个具有仪式感、秩序感的对称式布局，游客在进入其中的时候因受到景观空间的引导，所以在视觉与行为上也无意识地受到了影响，这让游客能够迅速进入景观空间所烘托的环境氛围，加强了游客对于景观空间的理解。

第二，自由式布局形式。灵动是这种布局形式最显著的特征，它往往根据场地的地形特点因地制宜地进行布局，可用于面积较小、形态不规律且功能较为复杂的叙事性乡村旅游景观设计中。从古至今，东方的景观设计都是以自然有机的形式出现，这种形式是东方哲学思想和人文艺术的表现。在叙事性乡村旅游景观设计中，设计师结合地形地貌、生态环境、建筑形式，以自然曲折的方式将不同的部分串联组合，形成虚实结合的流线，创造出丰富的空间体验感，以此打造一个变化、曲折的平面布局。

第三，综合式布局形式。这种形式的布局适合面积较大且环境较为复杂的叙事性乡村旅游景观设计，它综合了对称式布局和自由式布局等多种形式，是运用最为广泛的布局形式。在叙事性乡村旅游景观设计中，设计师根据叙事主题和地形地貌综合考虑设计的平面布局形式，将多种布局形式结合形成一个动静结合的平面功能布局，例如景观中心区域可采用中心发散形式带给观众强烈的视觉冲击力，并且突出设计重点。对称的形式让景观空间中的各种视觉元素能够均衡地分布其中，营造一种协调、整齐的秩序感，并且起到引导视觉的作用。当不同功能布局之间距离较远，可以通过过渡空间加强各区域之间的联系。采用综合式布局形式进行乡村旅游景观的平面设计有助于更好地表达景观叙事的主题，构建丰富的特色景观，实现形式与功能的统一，让观者能够沉浸其中，乐在其中。

②空间节奏变化的处理

在景观设计中，通过对景观视线的处理、空间序列的组织从而产生空间的节奏感，增强观者的体验感。景观视线指观赏点和景点之间的视线，也叫风景视线，设计师可以根据景观的连续性以及功能的布局，确定观者的视点位置与景观之间的联系，一个绝佳的景观视线能够更加突出设计中的重要内容。例如，正常人在不转动头部的时候所能看清事物的视域垂直方向为130度，水平方向为160度，其中最佳地视域的垂直范围为25度～30度，水平范围为40度～45度。对于正常人而言，肉眼所能看到景观最清晰的距离是25～30米，看清景观轮廓的距离是250～270米，而超过500米的距离看到的景观较为模糊，4000米以外的景观几乎看不到。根据以上分析，在叙事性乡村旅游景观设计中，影响景观视线的两大因素分别为空间中景物的高度（H）和景物与视点之间的水平距离（D）。通常，以$D/H=1$为界线，当$D/H<1$时，空间更加压抑、封闭，适用于私密感较强的景观空间，例如乡村庭院的设计；当$D/H>1$时，空间更加开阔、透气，更加适合大多数的乡村景观设计，景观空间的范围越大，整个空间越通透；当D/H的比值为2～3的时候，是最适合的距离，需要对其进行细节化设计。因此，适合能与游客进行互动的景观设计，以此拉近景观与游客之间的距离；当D/H的比值在3～8的时候可以看到景物的整体造型及其周边环境，更有助于游客将自身带入景观空间氛围，去体会景观中的故事情节。

空间序列的组织是根据对景观的结构和造型等方面进行设计，并通过先抑后扬、动静结合、明暗交替等方式对景观空间进行有序组织，从而营造空间的节奏感。设计师根据不同的叙事主题和场地环境特色对景观的造型、色彩、结构等方面进行创作，通过对空间序列的组织，将静态的景观空间打造成独具特色的动态景观空间。例如，运用欲扬先抑的设计方式让游客进入其中能够获得一种惊喜感，通过其中景观空间的大小对比，让游客体会到故事情节中的起伏变化。当游客在游览过程中，在景观叙事顺序和空间流线变化的双重引导下，能够置身于故事情节中，感受叙事性景观空间丰富的层次变化，增强游客的空间体验感。

（4）运用视觉语言，传递特色信息

对于乡村旅游景观设计而言，构成其视觉语言的基本元素主要指点、线、面、色彩、质感，将各种视觉元素融入到景观设计中，能够提升景观特色，增强景观在观者视觉上的冲击力，同时还能达到推动故事情节发展、提升游客体验感的目的。

"点"作为视觉元素中最基本的元素，是设计中最重要的元素之一，它影响着整个景观空间的虚实变化与疏密变化，无论是一块石头、一个树池、一个雕塑，还是一个观景塔、一片湖、一个建筑，都可以作为视觉元素中的点，当点的元素单独出现在人们视线中，这将成为观者的视觉中心，能够吸引观者的注意力。当点的元素多次重复地运用则会形成"线"或"面"的效果，曲线之美源于自然，将其运用在景观设计中更能与周围的自然环境相融合，同时曲线的流畅性和灵动性更能增强景观空间的层次感，提升景观的魅力。而简洁的直线具有很强的力量感，在乡村景观设计中多用于对称性建筑中，能够呈现出景观的气势，给观者带来强烈的视觉冲击。"面"在景观设计中有规则和不规则两种形态，对于乡村景观设计而言，通常使用不规则形态，这种形态的运用能够让景观与自然环境更加和谐，让观者更能感受生态之美。

色彩是乡村景观设计中的一个重要元素，它包括一个乡村的建筑、服饰、地形地貌以及气候等方面的风格特色。不同的色彩背后蕴藏着丰富的文化内涵，例如少数民族鲜艳的服饰与他们的民族崇拜、生活习性及生活环境息息相关，以粉墙黛瓦为特色的江南水乡建筑则是因为当地的气候原因而形成独具魅力的江南水乡文化。设计师可以根据乡村的历史文化，提取其中的精华部分进行色彩的凝练，加入到景观设计中，以此形成具有地域特色的景观。

质感是指人对于材料在视觉和触觉上所产生的心理感受，不同的质感传递给观者的感受千差万别，例如光滑的质感给人一种细腻、优雅、冷淡的感觉，而粗糙的质感则传递出古朴、自然、亲切的感觉，质感的合理运用能够增强景观的表现力，丰富景观的层次变化，有助于设计对人们视觉与心理的影响。通常在设计中，材料的质感可以分为人工与自然两种类型，人工质感大多应用在城市景观设计中，自然质感大多应用在乡土景观设计中。因此，对于乡村景观设计而言，设计师可以充分利用当地的石材、木材、竹材、砖等具有自然质感的材料进行设计，其中石材的朴拙与植物的搭配能够很好地营造出乡土气息；木材的纹理与色彩能够传递给人一种朴实、自然、舒适的感觉；竹材所具有的韧性好、纹理丰富、质感自然等特性让它成了乡土景观材料的典型代表；砖的可塑性让其在建筑或景墙的设计中能够呈现不同的花纹图案，丰富了景观空间的层次。材料的质感决定了材料的独特性与差异性，因而在设计中需要明确不同材料的质感，并根据各个景观类型对材质进行直接利用或再加工，以此增强观者的视觉感受，提升景观的意境之美，丰富设计的文化内涵。

2．石溪镇盐井村叙事性景观设计实践

1）项目概况

（1）区位分析

设计项目位于重庆市南川区石溪镇盐井村，该村地处石溪镇西部，地理条件优越，东接鸣玉，南连福

寿、河图，西邻黎香湖、乾丰，北接涪陵区龙潭镇；交通便利，距南两高速路口3千米，距南川区36千米，有村级公路23千米。全村面积11.85平方千米，林地面积23.6公顷，森林覆盖率60%，庭院绿地率70%。其中，该村梯田面积占整个村落面积的80%，因而享有重庆"最美梯田"之称。

盐井村因古盐井而得名，因万丘梯田而闻名，吸引了不少游客前来游玩打卡，设计场地位于盐井村西部，该区域内有地下巨石景观、铁封盐井遗址、梯田、山林等丰富的资源。随着乡村振兴战略的实施，该村依托当地自然条件和资源优势，在发展优势产业的同时，计划结合乡村振兴，积极推进盐井AAAA级景区的建设，打造铁封盐井、清泉石上流等特色文化景点，从而吸引了更多游客，同时鼓励在外发展且有相应经济基础的人返乡创业，以此带领盐井村更好地发展。

（2）场地现状

根据对盐井村的实地考察与调研，从优势与劣势两个角度对场地现状进行了分析，通过把握场地的资源优势、区位优势和交通优势，分析场地的风貌劣势与设施劣势，以此明确乡村旅游景观设计的方向与目标，具体分析如下：

①优势分析

A. 村落毗邻多个景点，拥有丰富的游客资源。

B. 村落地势为缓坡，层层梯田修筑其中甚为壮观，农舍点缀其间，炊烟袅袅，如诗如画。

C. 村落交通便利，极大地提升了乡村旅游的可达性。

D. 村落自然生态资源得天独厚，为旅游业发展提供了良好的基础。

②劣势分析

A. 部分房屋缺乏修缮，房前院落较为杂乱，影响村落的整体视觉效果。

B. 当地传统文化未充分体现，村庄整体风格不统一，不利于旅游发展。

C. 村落缺少供人们日常交往、活动、娱乐、休憩等活动的公共空间。

（3）场地资源分析

盐井村境内资源丰富，有地理环境独特的"万亩地下巨石"、层次分明的"万丘梯田"以及清新脱俗的"清泉石上流"三绝，还有"铁封盐井"遗址、"惜字库"和"老鹳庙"等八处特色古迹。同时，村落还保留着特色的"板凳龙"文化。这些自然资源和历史文化资源无一不为乡村景观设计提供了丰富的设计要素，促使设计能够创造出更具价值的乡村景观。

2）设计目标和思路

（1）设计目标

①激活盐井村传统文化

乡村文化是人们在乡村生存和发展过程中创造出来的物质与精神总和，它代表了一个地区的文化特色。在盐井村叙事性乡村景观设计中，深度挖掘当地传统文化，并加以创新运用，以此实现对乡村传统文化的保护与传承。

②结合叙事手法打造盐井村特色乡村旅游

在盐井村叙事性乡村景观设计中，借助叙事性的设计手法，将乡村景观空间与传统文化融合，以更加生动的手法为乡村旅游景观提供一种更具有表现力的设计方式，从而增强景观感染力。

③改善盐井村生态环境，提升乡村经济发展

通过乡村景观设计，改善乡村生态环境，打造乡村特色景观，增强乡村吸引力和活力，以此吸引更多游客前来感受自然和人文的魅力，实现乡村经济的发展。

（2）设计思路

①立足于景观本土化设计

景观的本土化设计要做到对当地自然特色和历史文化的尊重，在盐井村叙事性乡村景观设计中，一方面应该挖掘当地传统文化，了解其背后的历史故事，获得当地特有的物质文化和精神文化，以此作为景观设计的灵感来源；另一方面要尊重当地特有的自然资源，保证其资源的完整性，才能让景观更具本土特色。

②发挥景观符号的多义性优势

符号作为情感表达的方式也能够运用在景观设计中，以此来提升景观的文化底蕴。在设计中，将村落传统文化所涉及的事物造型进行直接模拟，从而生成直觉性符号，让事物的特色能够通过游客的视觉系统直接获取。此外，还可以提取当地传统文化的构成要素，并将其进行简化演变，形成抽象的符号，融入景观设计，以此来引导游客能够主动探索景观符号中蕴含的深远意义。

③实现叙事性手法在盐井村景观设计中的应用

从叙事学的发展中提取模式特征，探讨盐井村景观设计的方法。经典叙事学通常在形式描述的时候预设了叙事的意义，当它转向后经典叙事学时，其形式描述往往是站在读者的语境中探讨其中的含义。简言之，就是把创作的视角从作者转向了读者。当把叙事学的这种发展特征引申到盐井村景观设计中时，结果是其设计的视角由设计师转向了使用者，让设计的意义归于使用者。因此，在叙事性景观设计中将景观空间作为载

体，从使用者的角度思考设计的意义，并且注重场所之间的逻辑关系，促进景观与观者的情感沟通。通过挖掘和提取盐井村的历史文化故事，并用叙事性手法将其与景观相结合，以建立具有逻辑性的空间结构，打造具有特色的人文景观，从而增强观者的感官体验，使观者能全身心体会到其中的故事内涵。

3）设计规划及策略

（1）总体规划

根据对项目的背景、区位以及资源条件的分析，此次盐井村叙事性乡村旅游景观设计以该村的盐井遗址为始，探索其中的井盐文化，并以此为主要的叙事主题进行展开。设计依托现有的自然环境和历史资源，将盐井村过去的盐业发展历程与乡村旅游相结合，并引入叙事性设计手法，向游客讲述盐井村的发展历程，以此来打造一个以传承井盐文化为核心的叙

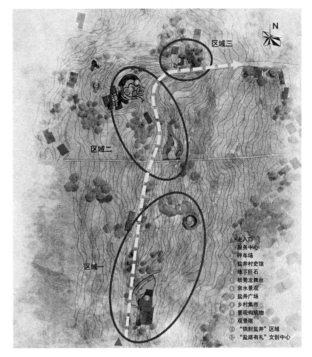

图8-1 总平面图

事性乡村旅游景观。设计以"一轴三片区"为整体布局，"一轴"指盐井村发展历程的故事轴，"三片区"分别指：区域一——故事的序幕与开端，设有入口服务中心与乡村舞台；区域二——故事的发展与高潮，设有亲水景观以及盐井广场；区域三——故事的结尾，再现"铁封盐井"，并设有文创售卖区（图8-1）。

（2）叙事主题营造

项目围绕"铁封盐井遗址"展开，整个石溪镇盐井村叙事性乡村旅游景观向游客讲述了村落发展的历程，同时也为游客科普了井盐的制作流程。设计将井盐文化中具有代表性的元素进行提取和演变，并融入到景观装置中，形成具有井盐文化特色的乡村景观，同时引入叙事性设计手法生动再现历史景观，以此营造景观的氛围，让游客能够通过设计感受到过去人们在生产井盐的过程中创造出的独具特色的井盐文化。

4）叙事情节的设计

项目以顺叙作为主要的叙事方式进行设计，首先故事的序幕部分设计了游客服务中心和村史馆，为游客介绍盐井村的历史，表明盐井村景观设计的主题；然后分别讲述了板凳龙文化、盐的重要性、盐井村的由来等（图8-2～图8-8）。

（1）序幕——叙盐井命运

该叙事节点为"叙盐井命运"，作为盐井村的入口且是游客前来观景的必经之地，这里为游客提供了停车、集散、乡村文化展示的区域。入口以高耸的天车作为精神堡垒的设计来源，天车也称达德井，是中国井盐生产历史上最高的盐井，是井盐文化的典型代表，因此入口以天车作为灵感进行精神堡垒的设计，来吸引游客的视觉注意力。盐井村服务中心建筑以川渝地区典型的坡屋顶作为设计来源，既体现了设计的本土化特征，又增强了建筑的层次感，同时通过砖的不同砌筑方式和木材的多种拼接样式，打造一个具有设计感的建筑（图8-2）。

该区域作为整个设计的序幕部分，需要游客对盐井村历史文化有大致的了解与认识，因此通过设置盐井村史馆，为游客提供讲述盐井村诞生与发展的场所。

（2）开端——村庄受灾

设计以"板凳龙"舞为灵感，采用了隐喻的修辞手法，将一个个板凳比作一段段龙体，并将板凳拼接连成弧线，形成一个半围合的空间作为乡村舞台，同时将龙纹作为乡村舞台中央的地面铺装，从平面到空间的形式上无一不表达出龙的文化，凸显了该节点的主题，同时为村民提供了表演、科普、宣传以及教育等活动场所（图8-3）。

（3）发展——"盐"的缘起

该叙事节点为"'盐'的缘起"，主要讲述古代村民在依靠仅剩的井水活命的时候，却因无意间加热了井水而发现了"盐"，这一发现为后来井盐的生产与制造奠定了基础，因此该节点试图通过亲水景观的设计来表现井水的重要性。设计将梯田层层叠叠舒展的曲线作为灵感，并在水边设置三口可以与游客进行互动的水井，当游客转动水井转轴的时候，其周围水井中的水会随着转轴的转动而增加甚至流出水面，最终与前方的水流汇合形成一个小型跌水景观，以此来增加景观的动感。该节点的设计让游客在观赏跌水的同时能够参与其中，既能打造一个独特的景观效果，又能让游客在互动实践中体会到景观其中的深意（图8-4）。

（4）高潮——盐业之兴

该叙事节点为"盐业之兴"，讲述了人们在发现盐之后开始了井盐的生产与制作，整个设计以井盐的制作过程作为观景流线，并将井盐制作的每一个流程进行了拆分，分别设置以凿井、汲卤、输卤、煮卤为主题的小节点，让游客在设定的流线游览过程中能够对整个井盐的制作流程更加了解。

设计以井盐制作过程中所用到的工具作为灵感来源，对长廊、构筑物和观景台等区域的结构进行设

图8-2　盐井村服务中心效果图

图8-3　"板凳龙"舞台效果图

图8-4　亲水景观效果图

计，并加以艺术化处理，同时还对制盐工具进行元素提取，并对其进行抽象化设计，最终运用到景墙和地面铺装的设计中，既丰富了景观设计形式，又对整体设计主题进行了呼应。该节点作为游客集会、休息、观景、学习的场所，其设计无论从结构还是图形上都与井盐文化密不可分。它既能让游客沉浸式感受古代井盐的制作流程，还能向游客讲述村落盐业的发展与兴盛（图8-5、图8-6）。

俗话说"观车知井"，"车"指天车，"井"指盐井，意思是每一座天车就对应一口盐井，天车作为一种木制的井架，高耸在每一口盐井之上进行采卤。因此，在设计中运用天车的形式代表井盐制作过程中采卤这一环节，并设有天车展示台，向游客科普天车从最初的独脚发展到三脚的过程。同时，地面铺装形式以输卤所用到的竹节为灵感形成地面上一道道交错的线性铺装（图8-7）。

在采卤过程中必不可少的是滚轴般的大车来协助提捞卤水，设计将大车的形式进行简化、重组，形成可以与游客进行互动的景观装置，人们可以在转动装置的同时了解井盐制作文化，以此提升人们的景观体验感（图8-8）。

图8-5　盐井广场效果图

图8-6　盐井广场效果图1

图8-7　盐井广场装置分析图

图8-8　盐井广场效果图2

（5）结尾——村落诞生

该叙事节点为"村落诞生"，讲述了村落盐业兴盛的时候突然遭受打击，最终铁封盐井，整个村落的盐业就此衰败，所有的辉煌最终都化作一口水井。这口水井既是盐井村的开始，也是盐井村的结束。作为整个设计的结尾部分，游客能够认识到这口井不仅是历史遗迹，还是盐井村的发展史。与此同时，还对这口水井所在庭院的村民房屋进行了建筑改造，将其设为文创售卖区，并命名为"盐路有礼"文创中心，让盐井村的井盐文化通过文化创意产品的形式传播。

3. 小结

乡村是传统文化的根基，是民族的血脉，它不仅承载着农民的生活和农业的生产，还肩负着传播乡村传统文化的使命。随着乡村旅游业的发展，乡村旅游的形式日渐丰富，人们的工作压力得到有效缓解，乡村风貌有了较大提升，乡村传统文化也得到了传承与发展。与此同时，乡村旅游发展的模式却开始固化，导致乡村景观出现了城市化、同质化、缺少情感化设计等现象。为了解决这些问题，需要对乡村传统文化进行深度挖掘，并从叙事学理论的角度出发，将乡村传统文化与景观空间相结合，打造成一个具有故事性的乡村旅游景观。

根据对相关理论的研究和相关案例的分析，并通过对重庆市南川区石溪镇盐井村的设计实践，得出以下主要结论与创新点：

（1）研究叙事学相关理论，探究叙事性乡村旅游景观的空间表达，为解决乡村旅游景观设计现存的模式单一、形象同质化、缺少情感化设计等问题提供了设计思路。将叙事性设计手法融入景观设计，以景观空间作为故事主题和情节载体，借助提取、演变、重组景观元素的方式向游客传递信息，以此打造一个具有连贯性、故事性的景观空间，从而提升游客的观景体验感，实现游客与景观之间的情感联系。

（2）设计从观者的角度出发，避免设计师主观预设其中的含义，让设计的意义归于使用者。同时，要明确叙事的结构与逻辑，通过空间的组合、修辞策略的运用等方式更好地诠释乡村历史故事，从而有助于观者对景观内在意义的思考与理解。

（3）从重庆市南川区石溪镇盐井村的设计实践中可以看出，对于叙事性乡村旅游景观设计而言，设计前期需要充分挖掘乡村历史文化资源，并将其作为基本素材，再通过不同的叙事顺序以及隐喻、反复、典故等修辞手法对收集到的故事资源进行编写,以此打造一个能吸引游客注意力的故事。景观节点之间的联系是故事情节间逻辑关系的体现,而景观作为故事内容的抽象化表现,设计师展现出来的故事内容越抽象,游客对于故事内容的理解也越多样,并且更有助于游客产生情感共鸣。

第 9 章

总结与展望

9.1 环境设计在乡村振兴中的作用和价值

环境设计在乡村振兴中扮演着至关重要的角色，其作用和价值不仅仅局限于提升乡村的美观性，更在整体提升乡村社区的品质、活力和可持续性方面发挥着关键作用。

9.1.1 环境设计在乡村振兴中具有引领方向的作用

随着社会经济的发展和人们生活水平的提高，人们对于居住环境的要求也在不断提升，传统的乡村生活方式和环境已经无法满足现代人的需求。环境设计通过引入新的设计理念、技术和方法，为乡村振兴提供了新的思路和路径。例如，可持续设计、生态设计、数字化设计等新兴设计理念的引入，为乡村振兴注入了新的活力和动力。通过设计的创新，可以改善乡村环境的功能性、美观性和可持续性，为乡村振兴提供更加科学、合理的发展方向。

9.1.2 环境设计强化了乡村文化传承的重要性

乡村是中国传统文化的重要载体，拥有着悠久的历史和丰富的文化底蕴。地域性设计的理念下，环境设计将乡村的地域特点、历史文化和生活方式融入到设计中，保留和传承了乡村的文化遗产，强化了乡村的文化认同和自豪感。例如，在乡村建筑设计中，设计师可以借鉴传统建筑风格和材料，结合现代设计理念，打造具有时代特色的乡村建筑；在乡村公共空间设计中，可以融入当地的民俗文化和传统活动，丰富乡村的文化生活。通过这些设计，不仅使乡村环境更加具有特色和魅力，还可以增强居民对乡村文化的认同感和归属感，促进文化的传承和发展。

9.1.3 环境设计提升了乡村居民的生活品质

乡村居民的生活水平和生活品质是衡量乡村振兴成效的重要指标之一。通过创新性设计，改善了乡村环境的功能性和美观性，为乡村居民提供了更加优质的生活环境和服务设施。例如，在乡村建设规划中，可以合理规划道路、绿化和配套设施，提高交通便利性和居住舒适度；在农村旅游开发中，可以打造具有特色的乡村民宿和农家乐，丰富居民的生活方式和休闲选择。这些举措不仅提升了乡村居民的生活品质，还有助于增强居民对乡村的归属感和发展信心，促进乡村振兴的深入推进。

9.1.4　环境设计促进了乡村经济的发展

乡村经济是乡村振兴的重要支撑和动力之一，而环境设计的优化和提升可以为乡村经济的发展注入新的活力和动力。可持续发展的设计考量，带动了乡村经济的多元化发展。创新技术和当地资源相结合，设计具有生态友好性和经济效益的乡村项目，为乡村经济注入了新的动力。例如，利用农村丰富的自然资源和传统产业优势，发展乡村旅游、生态农业、文化创意等产业，提高了当地就业率和农民收入，优化了农村经济结构。此外，通过乡村产业融合和创新产业，还可以激发农村创业者的创新意识和创业热情，推动乡村经济的蓬勃发展。

9.1.5　环境设计激发了乡村的活力

村庄是乡村振兴的基本单元，而村民的参与和共建是推动乡村振兴的关键因素之一。通过与当地村民的互动和参与，环境设计激发了乡村的创造力和参与度，共同打造了符合需求的乡村环境，增强了村庄的凝聚力和活力。例如，在乡村规划和设计过程中，设计师积极与村民合作，了解他们的需求和期望，将他们的意见和建议融入设计，增强了设计的包容性和参与性。同时，通过村民参与式的设计方法，激发了村民的创造力和参与度，共同营造了具有活力和魅力的乡村。通过这种村民共建共享的方式，不仅可以提高乡村村民的生活质量，还可以促进自我管理和发展，实现乡村振兴的可持续发展目标。

综上所述，环境设计在乡村振兴中的作用和价值是多方面的，不仅体现在引领方向、强化文化传承、提升生活品质、促进经济发展和激发社区活力等方面，还有助于推动乡村振兴工作的深入开展和取得更好的成效。因此，加强环境设计在乡村振兴中的应用和推广，有利于实现乡村振兴目标，推动乡村经济社会的全面发展。

9.2　未来发展趋势和挑战展望

9.2.1　跨学科合作的加强将成为未来乡村振兴环境设计的重要特征

随着社会经济的发展和人们对乡村振兴的需求日益增加，单一学科的设计模式已经无法满足复杂多样的乡村振兴需求。未来，乡村振兴环境设计需要更多的跨学科合作，将设计与经济、社会、文化等多个领域相结合，实现乡村振兴的综合发展。例如，在乡村规划和设计中，不仅需要考虑环境美学和功能性，还需要充分考虑到社会文化的传承和发展，经济产业的结构优化，甚至政府政策的支持和引导。跨学科合作将为乡村振兴提供更加全面、系统的解决方案，促进乡村经济社会的全面发展。

9.2.2 技术创新的应用将成为未来乡村环境设计的重要方向

随着科技的不断进步，新兴技术如智能化设计、数字化设计、虚拟现实等将为乡村振兴提供更多的可能性。未来的乡村环境设计将更加注重技术创新的应用，通过智能化设计实现乡村基础设施的智能化管理和运营，通过数字化设计实现乡村规划和设计的精准化、可视化，通过虚拟现实技术实现设计方案的动态展示和互动体验，为乡村振兴注入更多的科技活力和创新动力。

9.2.3 生态环境保护的重视将成为未来乡村振兴环境设计的核心任务

随着人们对生态环境的重视程度不断提高，未来的乡村振兴将更加注重生态环境的保护和可持续发展。环境设计师需要注重生态建设和资源利用，结合当地的自然条件和生态特点，设计出具有生态友好性的乡村环境，实现经济、社会和环境的协调发展。例如，在乡村规划和建设中，应充分考虑到土地利用的合理性、水资源的保护和利用、生物多样性的保护等方面，确保乡村环境的生态健康和可持续发展。

9.2.4 村民参与的深化将成为未来乡村振兴环境设计的重要手段

村民是乡村振兴的主体和受益者，他们的参与和共建对于乡村振兴的成功至关重要。未来，乡村振兴环境设计需要更深入地与当地村民合作，深化村民参与式设计方法，充分发挥村民的主体作用，实现设计的民主化和人性化。通过村民参与的深化，可以更好地满足村民的实际需求，提高设计方案的可行性和实施效果。

9.2.5 全球化视野下的思考将成为未来乡村振兴环境设计的重要趋势

在全球化的背景下，各国之间的交流和合作日益频繁，国际的经验和资源也更加共享和开放。未来的乡村振兴环境设计需要更广阔的视野和国际化的思考，吸收和借鉴国际先进经验，为中国乡村振兴提供更多的借鉴和启示。例如，在乡村规划和设计中，设计师可以参考国外先进的乡村振兴案例，借鉴其成功经验和做法，结合中国的国情和实际情况，设计出更加适合中国乡村的发展模式和路径。通过全球化视野下的思考，可以拓展乡村振兴的发展空间，推动中国乡村振兴工作的深入开展和取得更好的成效。

综上所述，未来的乡村振兴环境设计将面临许多新的挑战，包括跨学科合作的加强、技术创新的应用、生态环境保护的重视、村民参与的深化和全球化视野下的思考等方面。面对这些新的挑战，环境设计师需要不断学习和创新，积极适应时代的变化，为乡村振兴事业做出更大的贡献。

随着本书的撰写工作圆满结束，我内心充满了成就感与期待。成就感源于将多年的研究成果和实践经验汇聚成文字，期待则来自于这些思想和案例能够为乡村振兴的实践者和研究者提供宝贵的启发与指导。

乡村振兴是一项多维度、跨学科的复杂任务，它不仅涉及经济发展，更触及社会结构的优化、文化传承的保护以及生态环境的可持续。本书试图从环境设计的独特视角出发，探索通过创新性方法和本土化设计，推动乡村地区的全面振兴。

在本书的编写过程中，我有幸与一群卓越的同行和实践者合作，他们的专业知识和实践经验对本书的丰富性至关重要。我要特别感谢马悦、张旭冉、张驰、唐嘉蔓、姚姗宏、谭智文、秦鸿源、蒋贞瑶和王心怡等，感谢你们提供的丰富案例和深刻见解。这些案例不仅为本书增添了实践的深度，也为乡村振兴环境设计提供了宝贵的经验和理论参考。

此外，我要向参与本书编写的每一位团队成员表示最深的谢意。是你们的辛勤工作、创新思维和不懈努力，使得这一研究成果得以以系统化、专业化的形式呈现给读者。没有你们的协助，本书的编写工作将无法顺利完成。

乡村振兴环境设计的道路既漫长又充满挑战。面对社会环境的快速变化和居民需求的日益增长，我们需要不断学习、探索和创新。本书的出版，仅仅是这一过程中的一个里程碑。我期望本书能够激发更多的讨论和思考，推动乡村振兴环境设计理论与实践的进一步发展。

同时，我也期待未来有更多的机会与城乡规划者、设计师、政策制定者以及所有对乡村振兴感兴趣的读者进行深入交流和合作，共同为打造更加宜居、包容、可持续的乡村而努力。

最后，我要感谢每一位读者对本书的关注。你们的支持和反馈是我们不断前进的动力。愿本书能够成为乡村振兴领域内专业人士和爱好者的宝贵参考，同时也为城市规划和设计的学生提供启发和指导。

图书在版编目（CIP）数据

乡野乡韵 ： 乡村振兴环境设计研究与探索 / 黄洪波
等著. -- 北京 ： 中国建筑工业出版社，2024. 7.
ISBN 978-7-112-30183-6

Ⅰ. TU982.29

中国国家版本馆 CIP 数据核字第 2024ZR4285 号

本书以"乡野乡韵"为语境，从多个维度出发，分析乡村振兴与环境设计的背景与意义，并梳理了相关的理论基础和研究方法。通过对空间规划、社会学、生态学、文化遗产保护、可持续发展原则以及创新性方法六个方面展开项目案例研究与深入分析，总结环境设计在乡村振兴中的关键作用和价值，强调在设计过程中应充分考虑历史、文化、社会和生态等方面因素，并展望了未来的发展趋势和挑战。该研究为乡村振兴与环境设计领域提供了理论支撑和实践指南。本书适用于环境设计、艺术设计专业师生，以及推进乡村振兴工作的相关从业者阅读参考。

责任编辑：张　华　唐　旭
书籍设计：锋尚设计
责任校对：赵　力

乡野乡韵　乡村振兴环境设计研究与探索
黄洪波　吴小萱　龙馨雨　等　著

*

中国建筑工业出版社出版、发行（北京海淀三里河路9号）
各地新华书店、建筑书店经销
北京锋尚制版有限公司制版
北京中科印刷有限公司印刷

*

开本：889 毫米×1194 毫米　1/20　印张：12⅓　字数：318 千字
2024 年 7 月第一版　2024 年 7 月第一次印刷
定价：**108.00** 元
ISBN 978-7-112-30183-6
（43593）